森林業が環境を創る

森《やま》で働いた2000日

安藤勝彦

コモンズ

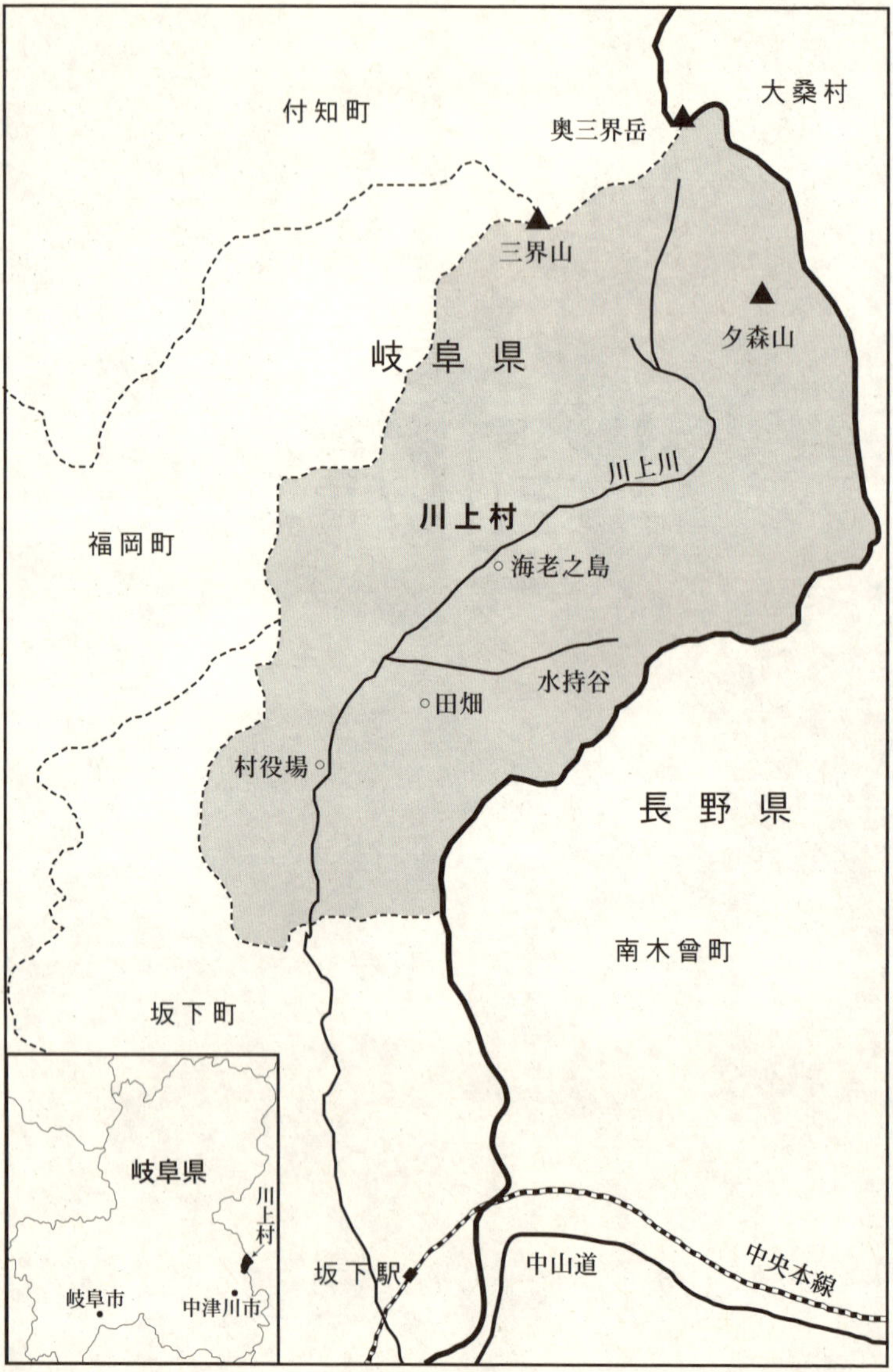

付知町
奥三界岳
大桑村
三界山
夕森山
岐阜県
川上川
川上村
福岡町
海老之島
水持谷
田畑
村役場
長野県
南木曾町
坂下町
岐阜県
川上村
岐阜市
中津川市
坂下駅
中山道
中央本線

本書を、いまは亡き二人の姉（文子、十三子）に捧ぐ

はじめに

私は以前から環境問題に関心があった。しかし、単に環境問題ではあまりに漠としているのではないか、という自身にたいするモヤモヤした気持ちを解けないでいた。それは、何十年にもわたる心の澱《おり》とさえ言い得る性質のものである。

そんな悶々としていた私に、「林業をやらないか」という声がかかった。そこで、私は自問自答する。林業ならば、これまである程度の関心を抱いてきた森林と深い関係がある。森林は環境問題と不可分だ。そこで、林業に就いて、森林《もり》づくりに不可欠な林業技能を身につけようと考えた。

いまから思えば、温暖化という地球環境問題が私を林業に従事させ、本書で展開する「森林業」を着想させたのである。そして、その温暖化への確たる問題意識が、肉体的にはつらい山仕事を続けられた源だったと言える。

本書はこうした想いを胸に秘めて、五二歳にして岐阜県のある村の森林組合に就職した私の、一九九七年から六年間にわたる体験記だ。現場の実態に則しながら、いかに臨場感をもって活き活きと伝えるかには、いささか腐心したつもりである。同時に、その体験に根ざして、将来あるべき森林づくりの哲学をしたためている。

最近めだって増えてきた森林ボランティアが、将来の環境立国・日本の担い手になり得るかどうかはまだわからないが、少なくともその共鳴者にはなるにちがいない。彼らのことも念頭におきながら、本書が「現場版教科書」になることを願っている。林業作業者による森林や環境問題についての報告は、私が知るかぎり多くはない。その意味で、本書には一定の価値があると思われる。

とはいえ、これからが私にとっての本番である。

二〇〇四年一月

安藤　勝彦

もくじ●森林業が環境を創る

承章　**原流の暮らし**　67

転章　**森《やま》の現場からの思索**　93

装丁●林　佳恵

プロローグ

人情味あふれる清流の地へ

そこは、東京でも繁華街の一つといわれる池袋の近くである。車の雑音は、騒音というよりも喧騒というべきか。人混みぶりも名にしおうとおりだ。川下の典型といえよう。そこが、かつて私の住んでいたところであった。

この村・川上村《かわうえ》(岐阜県恵那郡《ぎふけんえなぐん》)は、まさに字のとおり、川上すなわち源流地だ。

東京で約二〇年の地獄生活を味わった私は、自然に恵まれた人情味(美)ある地を、心のどこかで探りあぐねていたのかもしれない。いまここに住み、出会うべくして出会った村という感を深くする、自分を見出す。源流地という言葉は、私の探検的欲求さえもくすぐってやまない。それにしても、二〇年の東京生活は、反面教師として貴重だった。この生活があったればこそ、天国のありがたみが実感できるからだ。そして、天国は実にさまざまな喜びと発見を私にもたらしてくれる。

岐阜県の地形をざっととらえると、四角形に見える。上半分は飛騨《ひだ》(の国)、下半分は美濃《みの》(の国)とよばれる。上から下への地勢をさして、「飛山濃水《ひざんのうすい》」とも評される。飛山濃水から地名である「飛」と「濃」をとると、「山水」となる。この山水こそ、日本の自然美の骨格をなすといわれる。

岐阜は「岐」という字が示すとおり、「山が支えるところ」だ。森林面積は八二％におよぶ森林富県にして、内陸県である。川上村は美濃に属す。美濃は西から西濃《せいのう》、中濃《ちゅうのう》、東濃《とうのう》に三分される。恵那郡は奥東濃ともいうべき地域を占め、川上村はその中心地・中津川《なかつがわ》市から北北東へ車で三〇分だ。

人の目に映る地形は、それぞれだろう。私の眼に映る川上村の地形は、木の葉に見える。それも、ハンノキ（榛の木、なかでもサクラバハンノキ）の葉に似ているのだ。この木は水を好む木で、村を流れる川上川の水は、岐阜県の名水五〇選の一つになっている。なお、私が「ハンノキ（榛の木）」と漢字名を併記したのは、これによって木の名前が覚えやすくなることに体験上気づいたからである。

この名水にちなむ清冽《せいれつ》さを証明するかのように、村入りした私を最初に驚かせた自然がある。それは清浄《せいじょう》さに満ちた空気だ。森林による浄化作用のためか、まったくほこりっぽくない。東京に住んでいた人間からすれば、これだけでも得がたい、恵みある自然の極みだ。そうしたところに住めるのだから、私の身も心も喜々とする。

つぎにつくづく感じいったのは、夏場の心地よさだ。東京生活を追想すれば、夏中別荘で暮らすようなものである。二年目のある夏の日、日中大雨だったためか、冬空以上の満天の星にめぐり会った。なんとぜいたくな生活というべきか。

しかも、意外なことに冬は東京より暖かく感じる。それは、風が強くないからだ。東北地方でいわれる「しばれる」という日が、東京では数日ある。このあたりでも厳しい寒さを「凍《し》みる」というが、東京に比べればそれほどでもない。

そして春。この村では「全村公園化」というスローガンのもとに、花づくり運動がくり広げられている。だから、道々は乱れ咲く花道と化す。きっと女性の身と心をとらえるにちがいない。四月の植樹祭が村の一年の始まりといえよう。むかしはヒノキ（桧）、いまはモミジ（紅葉・黄葉）やサクラ（桜）が植えられる。

都会人としてとまどったのは、雑草についてだ。私は川上村へ来てはじめて、庭のある家に住んだ。その庭に雑草が、日に日に生えてくるではないか。それを目のあたりにした私は、手も足もたたいて小躍りした。ところが、草が伸びた庭を見て、山仕事の班長が「刈れ」と言う。私は、もったいなくてとても刈れない。すると、重ねて「みっともないから刈れ」と言われた。

ここに、やむを得ないこととは言え「二つの自然観」をみる思いがする。単身赴任だった私ははじめての帰京の折、妻への手みやげを土付きのササ（笹）にした。彼女の求めに応じてのことである。彼女も緑に飢えているのだ。

実は私の生まれは、中津川市である。五〇年以上も前の幼少のころ、川の小魚を友とした。昼つかまえて洗面器に入れた魚は、夜の枕元でどれほど私をなごませてくれたことか。だが、自然はいまの川上村のほうが優れている。この自然環境が、この村の人情味（美）をかもしだすのであろう、きっと。

いまの私の住まいは村営住宅で、築五〇年といわれているが、私は古さは少しもかまわなかった。私がかまったのは広さである。この点では実に申し分ない。不動産屋風に言えば、庭つき5DKの一人暮らしだ。家の前には沢、その向こうには小・中学校の運動場がある。この運動場から、村の第二の高峰・三界山《さんかいさん》（一六〇〇m）をどれほど望見し続けたことか。それが、森の見方をどれほど鋭いものにしてくれたことか。

ところで、沢といえば水だ。あるとき、村の人から「川上の水はきれいだから、みんな若く見えない？」と聞かれた。たしかにそれは事実だろうが、私に言わせれば、それだけでは足りない。人口に比して美人が多いのだ。これは、清流という自然環境に加えて人情味と関係しているのではないだろうか。

川上村の人口は、このところ一〇〇〇人程度で推移している。人類学の教えるところによれば、一〇〇〇人という数は互いに心までも見知った人同士のやりとりができる世界で、ある面で理想的な規模のようだ。たとえば、まだ村での人間関係に浅い私は、祝い事に何を持っていけばよいのかわからない。そんなときでも、村唯一のスーパーのご主人に聞けば、一発でわかる。

村の人たちの人情味(美)や素朴さの源は、どこからきているのであろうか。私は三つあると思っている。まず清流という自然環境、つぎにお互いの顔がわかっているために心の交わりができる人口規模、そして国道がなく、川上川の上流は行き止まりということだ。それに、村の木はヒノキだが、ヒノキの香りは日本人の心のふるさとにつながるという。ちなみに、村の人工林率は約八〇%で、ほぼヒノキ。「東濃ヒノキ」というブランドにもなっている。

二〇〇一年一二月、私は四年半にわたって住んだ家に別れをつげた。当時の家の前にある沢で、国土交通省による「水辺の楽校《がっこう》」プロジェクトが実施されることになったからである。プロジェクトはその名のとおり、子どもたちの自然体験の場づくりを目的としたものだ。引越し先は、源流の村における源流地だった。

ここで私は、人情味(美)と密接に関係するであろう自然環境と素朴さに、さらにふれることになる。この村は、ますます私を魅きつけてやまなくなった。実際、村入りしてからの私は、まずイヤな思いをしたことがない。

起章

山仕事の厳しさと魅力

３Ｋに隠れていた３Ｙの発見

まず、現場へ行くまでがキツい

「こんなところは人間の歩くところではないぞ」

「そうだ。そうだ。カモシカの歩くところだ」

これは、ある作業現場への登高中の会話だ。

また、青森の人が木曽へ山仕事に来て、言ったそうだ。

「木曽の山は、山ではない。崖だ」

ちなみに、明治時代に来日したオランダの河川技師デ・レーケは、「日本の川は、川ではない。滝だ」と評したという。

これらは、急峻な地形を言い得て妙である。だから、「木曽で山仕事の腕を鍛えておけば、どこの山へ行っても通じる」と言われている。

３Ｋとはむろん、「キツい」「キタナい」「キケン」を意味する。「キタナい」は「キツい」

に比べれば大したことはないから、ここでは「キツい」にしぼりたい（「キケン」については、二六～三四ページの「ケガも修業のうち？」にゆずる）。

なぜ、そんなにキツいのか。一言でいえば、「人間の歩くところではない」からである。たとえば一般の登山道は、ほぼジグザグに登っている。それは「人間の歩くところ」と言える。一方、山仕事に利用される道は作業道である。作業期間中だけの利用だから、できるだけ直線にして、短距離をめざす。つまり、ジグザグではなくて直登になりがちだからキツい。とくに私にとって山仕事で一番つらいのは、直接の作業というよりも、現場までの直登だった。現場まで二時間ほどかかるときは、着けば仕事はなかば終わったようなものだ。

とりわけ、道具、燃料、弁当などを背負って行くときは、実につらい。途中で休みはするが、それでもキツい。一度、本当に死ぬほどつらかったことがある。最後は、それこそはいつくばるように登ったが、何もかも放り投げたいような心境だった。

急峻さと不可分なのが、場の悪さだ。これは、場所と足場の両方を意味する。崖と滝にならえば、森《やま》ではなくて、まさに山というにふさわしい（日本では山と森は同義である）。それほど場が悪い。だから、いつ何があってもおかしくない。とくに、適切な密度になるように一部の木を伐採する間伐や、節の少ない木を育てるために下枝を切り落とす枝打ち作業中の場は、間伐された材や枝打ちされた枝がごったがえしていて、地べたに足をつけられないことがある。こうしたところは、場数を踏んで山に身体を慣らすしかないようだ。

ギシギシ、ガシガシ、そして猛暑

実際の作業も、たしかにキツい。それはまぎれもない事実である。私自身「やっていけるのだろうか」と自問すること再三であった。が、しかしである。このキツさがあったゆえに、えも言われぬビールのうまさを身体ごと賞味できた。こんな至上の味わいをできる職は、そうザラにあるものではない。

当初、「林業をやっていると身体のどこかがおかしくなる」とよく耳にした。それで、無理すると後からツケがくるだろうと考えて、なるべく無理しないように自戒していたが、実際の作業ではそうもいかない。終日、草刈機(刈払機)でササ刈りをした翌日、手がゴワゴワになり、こわばって開いたままで、握れないというか、曲がらなかった。身体もこわばってガシガシだ。

「安藤はときどき休むから、アテにできない」と班長に言われた。事実、私はときに休んだ。もっと正確に言えば、休まざるを得なかった。朝起きると、身体中がギシギシと痛み、ガシガシになり、自由がきかないのだ。ギシギシだけならまだなんとかなるが、ガシガシが加わると、もうバテバテで、身体が「休め！」と命令する。だから、「すべって足が痛い」などの口実で休む。そんなときは、つくづく痛感した。

「もう限界だ。身体がもたない」

陰で、「安藤はやる気があるのか」と班長を疑心暗鬼にさせもした。正直に「バテバテで、もうダメです」と言えばよさそうなものだが、弱音をはくわけにはいかない。

年に何回か、ササを枯らすための薬を撒く作業がある。ササといってもよくあるクマザサ（熊笹）ではなくて、チシマザサ（千島笹）のようだ。稈《かん》（茎）の高さは背丈以上、太さは一センチ、それがビッシリはえている。そのチシマザサ地帯をかき分けて撒く。私には山登りの経験が多少あるが、この作業はときに雪山でのラッセル（ラッセル車のように、雪をかき分けるというよりも押さえつけながら進むこと）以上のキツさだ。いまどき、これだけ息を切らしながらする仕事は他にあるだろうか。

「どないしても、身体がいうことをきかない。それでも、オレはやる。そういうことになっている」と身体に言いきかせもしたが、やはり限界があるようだ。「無理するな。山仕事はまだまだ先が長い」というささやきもある。そこで、また口実を考える。

「急用で休ませていただきます」

ある土曜日、雪で休みだった。その前は五日間の連続出勤である。一杯飲んで、死んだように眠る。翌日曜日は定休日。なにもする気にならない。月曜日も同じ。完全にバテているのだ。例のごとく、カゼといつわる。そのとき思った。「土曜日に出勤していたら、生命を縮めていたにちがいない」と。

「東海地方、ダントツ酷暑」との見出しが新聞におどった二〇〇〇年八月二二日、名古屋では午後三時の気温が全国第二位、三七・九度を記録した。この日の作業は、間伐・枝打ち。玉のような汗が吹き流れる。ズボンまでベタベタ。バテました。昼飯は茶漬けにし、おかずは半分しか受けつけない。この日の水分摂取量は五・三ℓ。内訳は飲用と茶漬け用に水筒の一・七ℓ、帰宅後に梅酢一ℓ、風呂あがりにビール(大)二本一・三ℓ、冷酒二合とお茶で一・三ℓ。このときのビールは、「この世に、これほどうまいものがあっていいものだろうか」と感じるほどの味わいだった。

暑さには、ほとほとまいってしまう。朝の体調がすこぶるよくても、帰りはバテバテ。風呂に入り、ビールを飲んで、寝るだけ。一年目のある日、あろうことか、清酒のつまみがケーキだった。疲労困憊《こんぱい》の身体が甘みを要求しているのだ。よく「一番つらい作業は、日陰のない炎天下での下刈りだ」と言われる。効果があるから夏に行うのだが、それこそ体内の毒素をまき散らすような汗をかく。もっとも、そのお陰か、私はこの六年間、一回のひどい下痢以外は内科系の病気と無縁だ。

キツい作業の一つに、カモシカの食害防止用の網張りがある。網を立てて固定するのに杭を用いる。たとえば五ヘクタールの面積を囲む網は約六〇〇メートルの長さになり、何百本の杭が必要だ。それを肩にかついで順次、杭を打ちつけるところまで運ぶ。一回に、長さ二メートルの杭五本を一束にして運ぶのだ。私は肩の痛みをやわらげるために、座布団を肩にのせる。ところが、班長は使わない。私が勧めたところ、返ってきた答えが「オレの肩には座布団ができている」。唖然とするしかない。

この杭運びを二日連続でやってダウンした。帰りの車中は、ぐっすり。翌日は恵みの雨で休日。一日中、酒と睡眠漬けだ。

寝ているときまでつらい、眠れないほどつらい

ある夜中、両足に激痛がはしる。足がつったのだ。片足がつった経験はあるが、両足は初体験。どうしようもないほどの過激さだ。時間も五分や一〇分ではない。三〇分は続いた。油汗は出るわ、悲鳴をあげるわで、隣の家から駆けつけてくるのではないかと心配しながらも、どうすることもできない。一年目はこれが何度かあり、「またか」とそのたびに顔をしかめたものだ。おさまったときの安堵《あんど》感は即、爽快感となるが、前ぶれなしに突如だから、やりきれない。それでも、不思議と作業中にはないのが、大助かりだった。

三年目には五十肩になった。これは「森男《やま》になるための儀式か」と思ったりもしたが、ただでさえ昼寝ができない質《たち》なのに、ズキン、ズキンして、眠れるどころではない。かといって、仕事をやめるわけにはいかず、しばらく悩み続けた。あるとき、かつて知合いの家で見たマムシの焼酎漬けを思い出す。

「そうだ、あれで湿布しよう。そうすれば、あるいは……」

早速その家からいただいて、必死の思いで湿布した。すると一カ月後、ほぼ痛みはぬけたのである。このときも心底からの安堵感にひたったものだ。

その後には、爪先から足の裏にかけて眠れないほどの痛みを経験した。痛さで足を上向きにして眠れないほどだ。このころは同時に、車の振動でさえ首が痛んだ。それらが、どうも左側に痛みが多い。そして、だんだん上へ抜けていくように感じる。ある面では、どのようになるだろうかと興味をいだいた。「これが抜け切れば、森男として身体的に一人前になったということだろうか」とも想像した。

実際、やがて抜けたではないか。なんともなくなったのである。

私は登山のなかでも、岩登りが得意なほうだった。とはいえ、難所を登った翌日は、腕がよく痛んだ。ところが、枝打ちはその比ではないときもあった。枝打ちは、竿《さお》のように三段になっていて、順に伸ばせるノコギリ（枝打ちノコという）を使って行う。一段が一・

五メートルだから、三段で四・五メートルだ。この枝打ちノコを切る枝の高さに応じて伸ばし、枝に引っ掛けて切っていく。

三段分の重さは二キロだから、さほどでもない。しかし、三段に伸ばすと、かなり重くなる。それで一日中切るのだから、腕はだるくなり、痛みが極限に達する。大好きな日本酒の一升ビンさえ持ち上げられないことがあったし、痛さで眠れない夜もあった。

それが不思議にも、五年目になると、つらさとキツさは変わらないが、痛くはなくなったのだ。身体とはなんと妙なものよ。妙といえば、なぜか、このころから両足に魚の目がどんどんでき出した。

実は林業に就くに際して、一つだけ心配事があった。それは腰痛である。二回の手術体験があるのだ。ところが、二年ほど経ったころから、出勤前の日課の体操のとき、足がよく伸び、腰が安定するようになった。私はニンマリしてしまう。心配だった腰が、逆に林業で治ったのである。もっとも、四年目の夜中に眠れないほどの痛みに襲われたことがある。当時の記録に「今日はよく出勤しました。こんなに腰が痛いのに」とある。幸い、その後はなんともない。

こうしたキツい作業下における一カ月の出勤日数は、平均一五日である。日曜日は定休日で、雨や雪が降れば休みだから、よほど意識しないかぎり二〇日は出勤できないというのが相場だ。一度、二〇日出勤したうえに週六日働いたときは、さすがに疲れて、これまた日曜日に死んだように眠ってしまった。

六年が過ぎたいま振り返ると、続けられたのが不思議な気がするほどだ。山の女神の加護があったというべきか。初めのころよく「鉛筆より重いものを持ったことのないヤツには、しょせん無理だ」と言われたのを想起すると、よく続けられたという感をより強くする。

三つの大きな喜び

このようなキツさの実態を知っていただくと、私が感じる3Y（三つの喜び）がより光彩を放つのではないだろうか。

まず最初の喜びは早春だ。無風、快晴、体調よし。早春の大地に、足を踏んばる。頭上の木々は、生を謳歌する生き物の世界だ。私も彼らに負けじと生のとりこになるほど、その多様な世界の一員に入れてもらえたような錯覚にさえ誘われる。そして、心もあらわれる。

つぎは真夏。ズボンまでベタベタになるほどの汗を流し切ると、五臓六腑ももだえるようなビールの味の魔力にのみこまれてしまう。こんな発見があろうとは、ついぞ想像だにし得なかった。コップにあふれるほどのビールを注ぐ。それを手にする。一瞬かまえながら、「五臓六腑さん、ただいまさしあげますからね」と無言の声をかけ、一気に飲み干す。まさに生を実感する瞬間だ。

そして真冬。凍てつく寒気のなかでの作業。足の感覚どころか、体中が凍《こご》えている。そんな身体を癒そうと待ちかまえているのが、風呂だ。私にある心が、私にある身体に、語りかける。

「今日もよく頑張ったね。しっかり癒してください」

えも言われぬやすらぎが全身をつらぬく。

この3Yはいずれも、生あることへの喜びを身体ごと体当たりでかみしめる一時をもたらしてくれた。それは生への醍醐味の実感であり、生あることへの感謝の念だ。

3Kという負をとるか、3Yという正に喜びを感じるか。3Kのかたまりとも言われる林業に、3Yを見出し得たことも、私が続けられた源であっただろう。

ケガも修業のうち?

▲何度も一カ月以上休むケガ

「安藤さん、今日はどうしたの?」

これは、隣の坂下《さかした》町にある病院の看護師が私になげかけた挨拶(?)だ。看護師と顔なじみになるようでは、「ダチャカンに(どうしようもないぞ)」。

それくらい私は当初の三年間、実によくケガをした。よく叱られもしたが、それに劣らないほどのケガを体験したのだ。とかく都会人が山仕事をすると、とんでもない、あるいは考えられないケガをするらしい。その原因は、山仕事の経験はもちろん、百姓の経験もないことによる身体と機械への不慣れではないかと、自分の体験から推察する。

ケガは多くの場合、「これはまずいな、どうかな」と思いながらも、つい面倒がって横着したときに起きるようだ。ナタで足を切ったときは、まさにそうだった。目あての木を切るとき、周囲のボサとよばれる雑草や灌木を刈るのを面倒がって木を直接切ろうとしたために、ナタをうまく使えずに事故になってしまったのである。

それでは、私が痛い目にあったおもなケガを、時間の経過に沿って記そう。

第一は九八年二月。チェーンソーによる左手薬指の裂傷。

このときは、「手を出すな」と注意されたのにもかかわらず、自分の意志とは無関係に、勝手に手が出てしまった。チェーンソーは、辞書には「自動鋸」「動力鋸」と訳されているが、現場の経験からすると「伐倒機」と訳すのが実態に即しているだろう。木の大小にもよるが、ほぼ一瞬のうちに倒してしまう。だから、指を切り落とすなど何でもない。それほどの威力がある危険な機械だから、手を出すなどもってのほかなのだ。ところが、そのころの私は、子どもがおもちゃにさわりたがるようなもので、チェーンソーに興味津々《しんしん》だった。その気持ちが、手を出させたのだろう。

チェーンソーの刃というのは、木をえぐりながら伐るようにできている。傷口を見たところ、それを証明するかのように、斜めに一列、横に四列という複雑裂傷。「よく指が落ちなかったな」と言われたものだ。このときは、それでも休まなかった。

第二は同年六月。草刈機による右足の親指裂傷。

通常、草刈機は下から上に使う。にもかかわらず、刈る目標物の下側に回り込むのを面倒がって逆に使ったために、倒木に刃が当たり、それが跳ね返ったのだ。刃は地下足袋を切断し、親指の外側の爪すれすれを切り裂いた。親指は皮が厚くて、治りにくい。ほぼ一カ月は仕事ができなかった。

第三は九九年六月。滑落により、左の肘の上に木屑が喰い込む。

このときは、こんなこともあるのかと思った。たった二メートルの滑落で、しかもたいした傾斜ではなかったからだ。それまでに何度も、五メートルや一〇メートル落ちていた。最大の原因は、暑い日だったために班長たちにならって半袖だったことか。

発生したのは六月五日の午前一一時。三〇分後にはタバコも持てないほどの痛みになる。九日に病院へ。腕がポンポンに腫れている。切開し、ウミと木屑を摘出後、七針縫う。一五日まで通院。しかし、七月五日に痛みがぶり返す。腕を曲げると、切開した部分がピンポン玉ほどに膨らむ。八日に再切開し、木屑二本(大＝長さ一・五センチ、幅二ミリ。小＝長さ一センチ、幅三ミリ)摘出後、四針縫う。一カ月以上も休んだ。「石の上にも三年」という。これは林業について三年目のケガである。試練に克《か》てるかと、真剣に悩んだ。

▲気丈な班長を苦悩させた木倒しでのケガ

第四は二〇〇〇年一月。木の下敷きになり、あばら骨三本にヒビ。

班長の叫び声が、かすかに聞こえる。

「俺はいったい、どうしたんだ。そうだ、木倒しに失敗したんだ」

木が重い。胸が痛む。息が苦しい。叫び声は続くが、こっちの声は出ない。叫び声以外はどこまでも静かだ。やがて意識がハッキリしてきた。

「はーい！ 大丈夫でーす」

倒れた木の間から、なんとか自力で這い出す。時計を見ると三時三〇分だ。あたりを見回して、どうしてこんなことになったか反芻する。木倒しをしていて、木が自分のいたところより上に倒れた。それを下に引いたから、その木の下敷きになったのだ。しかも、下敷きになったところには前に伐った木がころがっていて、それにも足をとられた。この二重の災難で、あばら骨を強打したようだ。

木倒しとは、頭上にチェーンソーをかまえて、斜めに伐られた木を間髪を入れずに平行(等高線上)に倒す作業だ。勇壮だが、危険が伴う。命がけだし、集中力も要求される。「まさに男の仕事や」と痛感させられる。

伐られた瞬間、木はどちらに倒れようかと迷っている。そのとき、倒したい方向へ引きながら押す、あるいは押しながら引くような力を、木に加える。というより、添えるといったほうがピッタリか。この微妙にして繊細な力を添えると、もののみごとに倒れていく。このあたりの木の多くは直径(木の直径は胸の高さで測る)一五〜二五センチ、樹高は一五メートルぐらいである。うまくいったときの倒れ方は豪快そのものだから、私はこの作業を好んだ。

実はその前日、おもしろさと大切さを実感したばかりだった。木は山すなわち斜面に立っているから、単に伐れば斜面と同じ方向に倒れる。それをそのままにしておくと、大雨が降った場合、流木災害のもとになる。だから、できるだけ、斜面に対して平行(等高線上)に倒すことが求められる。

この作業に取り組んで、すでに一カ月以上が経っていた。班長は「もう慣れないといけない」と言う。私も必死だが、未熟さゆえになかなかもくろんだ方向へ倒れてくれない。すると「なにやっとるか」の罵声がとんでくる。万一のことがあるから、班長も懸命なのだ。雪中でも汗だくで、一心不乱の木との格闘である。そんな状況下での事故だった。

ようやく班長のもとへ行く。

「もう、てっきり死んだと思ったぞ」

「どうも、すみません」

「よかった、よかった、無事で」

こんな会話ののち、性こりもなく三〇分ほど作業した。

あばら骨の痛みは小康を保ったが、翌日の夜から痛み出す。せきをすると、ボキッと音がする。診断の結果、三本にヒビが入っていた。病院では、呼吸するところだから治りにくいと言われた。

これであばら骨を強打したのは四回目だが、一カ月も休むのははじめてだ。この事故の教訓は、谷側(木の下側)に立つ作業は厳禁ということだ。重力の法則からして当たり前すぎて恥ずかしいほどだが、やむを得ない。力をつけるには、痛みある体験を身体に刷り込ませるしかないようだ。

厳禁といえば、このようにいつ事故があってもおかしくない現場だから、原則として単独作業は固く禁じられている。それと、石はまっすぐ下に落ちるとは限らず、木に当たったりしてとんでもない方向転換をする場合があるから、隣の作業者と横一〇メートルの間隔は確保せよという鉄則もある。実際、フジツル(藤蔓)を伐ったとたん、一抱え大の石が落ちたことがある。

このあと私を見舞った、いつもは気丈な班長が、しょんぼりつぶやいた。

「夜中に目ざめると、安藤のことばかり(気になる)。仕込もうとして、やかましく言ってきたが……」

この事故の前にも、「音がしないと、またケガかと思って心臓がドキドキする」と言われた。家族からは「死んでしまってからでは遅い」と説得され、「これでは安藤を殺してしまうことになるから」と森林組合長に、辞めさせるように言わざるを得ないと語る。その心情は至極当然だ。私もどうしたものやら当惑の極《きわみ》に達し、とにかく少し熟考時間をいただいた。

班長の心情を想起すると、切なく苦しい。自分の林業も、もうこれまでか。このまま続けるべきか、というより続けられるのだろうか。いったい、どうしたらいいのか。

私はしばらく沈思黙考して、結論を出した。心は痛むが、あらためて班長にお願いしよう。すでに私は、林業に、そして森林に、パイオニア・ワーク（先駆者的仕事）の芽を感得していた。その芽をしかと育みたいと心底、願ったのだ。

幸い、班長は了解してくださった。

▲死を招くハチ

もちろん、ケガはこれだけにとどまらない。スズタケ（篠竹）や枝で目を突いたりもする。一度は突いたはずみで右目にごみが入り、右の鼻から鼻水がひっきりなしに出るのと痛みとで閉口したことがある。この鼻水は目のごみを洗浄中のためだと教わる。あるときは枝打ち中に落下した枝が目に当たり、腫れて視界ゼロになった。また、高湿時に発生するハエに似て小さい無数のブユ（蟆子）にもまいらされる。目には入ってくるは、かゆいはで、仕事を中断させられるからだ。一日だけだが、目をやられて休んだこともある。

怖いのはハチだ。毎年、全国で何十人もの森林作業者が死亡している。それに、刺されるたびに免疫力が低下する。ただし、どうもこれには個人差がかなりありそうだ。

私は一一時ごろ片目を刺され、午後その腫れで目が見えなくなり、休んだ経験がある。また、アカバチ（スズメバチ＝雀蜂）に刺されて即死した例もある。私も一度刺されたが、尻だから助かったようなものだ。刺されたら冷やせというが、水がいつでも近くにあるわけではないから、そのまま放置するしかない。一方、新班長はアカバチに無数に刺されたが、大したことはなかったと言う。

では、なぜ刺されるのか。ハチの巣のありかは、作業中にわかるものではない。運悪く刈る途中に巣があれば、巣もろとも刈ってしまう。ハチが怒り心頭に発するのもむべなるかな、と言えよう。

林業におけるケガの発生率は、事故が多いとされる土建業よりかなり高いらしい。愛媛県のある造林作業者は、八年間に二八針も縫い、骨折もしたという。

ケガも修業のうち、ケガをしないのも実力のうち

こうした事故の多発を知るうちに、いつしか「ケガも修業のうち」と悟る（？）ようにな

る。ケガを恐れていては仕事にならないし、力もつかない。指の一、二本はどうでもいい、と思ったことさえある。痛い目にあわないと、あるいは危険を冒さないと、仕事は覚えられないというべきか。この世界には、「ケガと痛みは自分もち」という言葉もある。ケガの知識も、林業技能の一分野と解すべきようだ。その証拠といってはなんだが、班長たちのケガに関する博識に当初は驚かされたものだ。

それにしても、通院の折、院内を見回して思い知らされた。このような場ならば、いくらケガをしたくても、できないだろう、と。

ところで、あばら骨にヒビが入って以来、一週間以上休むケガを一度もしていない。あれから、もうじき四年が経つのにだ。これは実に大きい。まず、班長たちに迷惑をかけなくてすむ。仕事をより多く教えてもらえるし、日当も入る。当然、治療代はゼロだ。

多少なりとも腕があがった現在、ケガをしないのも実力のうち、と言えそうだ。

ただし、油断は大敵である。老熟練家が伐採木の下敷きになって全身に大ケガを負ったり、亡くなった、という話を聞くからだ。やはり、ケガの防止には、「基本の基」を胸にきざんでおくことだろう。

満一年を迎えた随喜のむせび

涙がとまらない

私が林業に就いたのは九七年四月一日だった。だから、翌九八年の三月三一日で満一年となる。この日をどれほど待ちこがれてきたことか。

九七年の四月一日は、どこまでも山並みが望める快晴だった。ゾクゾク、ハラハラ、ワクワクの林業の一歩が、ついに踏み出されたのだ。林業の最前線に立っての毎日は、発見の喜びに満ちていた。その発見は、体当たりの作業体験に根ざしている。五二歳の私にとっては、すべりこみセーフの世界だった。

九八年一月、村入りしてはじめての門松にめぐり会う。このころから、私の脳裏には満一年が意識されはじめた。二月に入ると、これまでを振り返って一人涙ぐむようになる。三月になると、ますますその回数が増える。

ところが、直前の三月三〇日、真夜中の三時、あろうことか異変発生。嘔吐、下痢、悪《お》寒《かん》、頭痛の四拍子がそろう。これでは仕事どころではない。

三一日、体調はすぐれないが、無理をおして仕事に行く。この記念すべき日を、どんなに無理をしてでも、私は森《やま》で迎えたかった。というのは、一日の作業を終えたところで、班長たちに真心からの深謝を述べようと固く心に課していたからだ。

午前中、塗炭の苦しみとでもいうようなつらさに、身体中が襲われる。仕事は除伐だった。幼齢期のヒノキやスギ（杉）の生長を促すために、それ以外の広葉樹を伐って取り除く作業だ。苦しい息をはきながら何回も休み、下痢の苦痛に耐えながら、必死そのものだった。

午前の仕事終了。私は帰宅する了解を、班長の弟さんからいただく。班長は出勤していなかったので、その場にいた二人に、かねてからの深謝を伝えようとした。だが、なぜか身体が動かない。私の異様さに気づいた二人は帰宅を促すが、私はまだモジモジしていた。ようやく意を決するかのように二人の前に行くものの、涙ばかりで言葉にならない。休みだった班長へは電話をしたが、同じ結果になってしまう。私は随喜の涙にむせんだのだろうか。

この一年、苦しく、つらかった。半面、ありがたく、うれしく、楽しかった。このさまざまな回想のかたまりが、あの涙だったのだろう。

二〇年以上前に、心からの感銘につつまれて、あふれる涙を抑え切れなかった体験を思い出す。それは、人口爆発による森林破壊のために水不足にあえぐネパールの山村に、その解決策として自然力ポンプの導入が成功したときのことである（一六七ページ参照）。

心温まる激励

私は、スギとヒノキの見分けもままならないままに村入りした。しかも、私が左利《き》きだったことが試練を倍加させた。

こんな私を受け入れた班長たちの最大の関心事は、「安藤はいつまでもつか」だった。それほどまでに林業は激務なのだろうか。激務の比喩とも言うべき「格子なき牢屋」という言葉をどれだけ聞かされたことだろう。つまり、鎖のない奴隷であるというわけだ。もしそうであれば、九七年四月一日は、林業という虎穴《こけつ》に入った日ということか。そして、それはすぐに現実となる。

疲労の極にまで達した身体にムチをうち、数々の悲憤をのみこみながらの作業だった。そんな私を見ていた何人かの山仕事の先輩たちに、「よう我慢しとるなあ」と言われたが、私はシッポをまいて逃げるわけにはいかない。耐えぬくしかなかった。ついには、耐える喜びさえ体感したと言えようか。肉体的にも精神的にも耐えて耐えて、これはもう執念そのものだった。

　こうした肉体的・精神的苦痛を乗り越えられた原動力の背景には、パイオニア・ワークというニンジンが林業と森林にぶら下がっていることを、感得しつつあったからである。私はどのようにしても、それに喰らいつき、放したくはなかった。あたかもスッポンのように。

　落ちこぼれだった私に班長たちは、気長に、温かく接してくださった。私はその接触に心熱くする。その最たるものが、満一年を目前にした三月二六日に、仕事を始める前のたき火にあたりながら、今後の村の生活に関して受けた心温まる忠告である。一時間半にわたって、単身赴任である私に対して、村の人たちとの付き合いを大切にするようにという、まさに心の琴線にふれる内容だった。帰宅した私は、その至言に満ちた戒めを酒とともに噛みしめる。私にとって、忘れざる至福の日でもあった。

　このような心憎いばかりの叱咤激励への深い感銘、山仕事がもつキツさや左利きという不利を克服した歓喜、さらに山仕事にあるなんともいえない爽快感と安心感が、ない交ぜとなって昇華したものが、満一年の随喜のむせびだった、と言えようか。その涙は、落葉《から》松《まつ》(唐松)の新緑を彷彿とさせる、あの淡い緑のようなさわやかさそのものであった。

　この三一日から一週間、私はひどい下痢で床に伏した。深い静寂につつまれて眠るなかで、東京生活の毒を吐き出したのかもしれない。それは、東京人から川上人になる儀式だったのであろう。

そして四月六日、「祝一周年」を一人で迎える。一週遅れなど意に介しはしない。なにより、その日は雨だったから、雪見酒ならぬ雨見酒と洒落こんだ。雨天の酒は、前途を見つめる思索の友となることを、私はすでに知っている。あらためて一年を回想し、「これなら続けられそうだ」と考えた。

腕みがきへの道のり

▲笹刈りのつらさとさわやかさ

あたり一面、笹の海だ。背丈以上もある千島笹(?)がビッシリ生えている。そこに、なかばフラフラしながら、ただひたすら刈り込む私がいる。まだ刃研《と》ぎ(目立て)もままならない私は、切れ味の悪い刃のついた草刈機をやたらと振り回すだけだ。玉のような汗をかいて、フウフウ言いながら。

笹は等高線に沿って刈るのだが、背丈以上だから視界がきかない。だから、一筋縄では平行に刈れない。モタモタしている私の背中を、ときに罵声が射る。それでも、刈りに、刈る。最初に三〇分ほど手ほどきされただけで、即実戦だった。一日、二日、一週間と続けるうちに、悪戦苦闘ながら徐々に上達していく。つらさは変わらないが、だんだん作業は好きになっていく自分を見出した。

草刈機ではじめて笹刈りをしたのは、林業に就いてまもない二カ月半後である。すべてに不慣れな私を見て、「安藤のは、お姫様の刈り方だ」と言われてしまう。このとき、とっさに思った。かつて人類学的調査が目的で先住民を求めてオーストラリアの砂漠のど真ん中をうろついた者でもこのザマかと。もちろん一方で、「いきなり現場に放り込まれて、もう無茶苦茶だ」とも思った。

草刈機は通常、右の手足を前に出して刈り進む。これを順手とよぶ。戻るときは、左の手足を前にする逆手で刈らなければならない。それは左利きの私にとって得意のはずだが、そうはいかない。またもや、汗だくのフウフウだ。私の苦闘ぶりを見て、班長たちは「そんなバカなことはない」と言うが、うまく刈れなかった。

いまでこそ息を切らすことはないが、当初は大変というより、ムチャクチャのグチャグチャだった。それが、少しずつ体が慣れ、機械にも慣れ、刃研ぎも上手になりだす。刃の切れ味がよくて、十分に刈れたときは、「この味をよく覚えておけ」と言われたものだ。一年後に近くの笹刈りをして、「一年で、こんなにも違うのか」と、われながら感心したことがある。

この笹刈りには、ひとつ厄介なことがある。笹刈りは植林するための下ごしらえならぬ地ごしらえだから、後で植えやすいように一・五メートル幅で刈り進んでいく。その際、ところどころに、自然発生的に種子から芽を出して生長した実生《みしょう》のヒノキや広葉樹の幼齢木がある。それを刈るのと刈らないのでは、作業のはかどりがかなり違う。まだ刈るスピードが遅い私は、それらを残したいのは山々だが、そうも言ってはおられない。また、あの罵声が降ってくるからだ。仕方なくバサッとやったが、心のなかでは「ヒノキさん、広葉樹さん、許しておくれ」と手を合わせたい心境だった。

たまに余裕があれば、極力、残した。そんなときは、一瞬のさわやかさを感じずにはいられない。ビッシリ生えた笹の海で、必死に生命《いのち》を全《まっと》うしようとする姿は、いかにも健気《けなげ》で、いとおしいではないか。しかも、これらは正真正銘の天然木なのだ。

こうした作業は、刃研ぎのできばえによっておよそ八割が決まる。刃研ぎの腕が上達するにつれて、刈る量が増え、息も切れないようになる。何よりうれしいのは、罵声とおさらばできることだ。そうなると余裕も出てきて、笹が一様ではなく、多少の濃淡があることに気づく。そして、その差による刈り方の工夫もするようになった。

はじめての単独作業

私の腕みがきの道は、まず技能習得以前に四つの問題があった。

その一、左利き。道具や器具のほぼ一〇〇%は、右利き用につくられている。だから、習得に困難が伴い、時間がかかる。さらに、ただでさえキツい作業が、その分だけ確実に身体の酷使につながり、作業能率の低下も招く。

その二、汗かき。他人がびっくりするほどの汗かきで、作業に支障をきたすことはなはだしかった。

その三、高年齢。私が林業に就いたのは五二歳だ。あるときは「五〇を過ぎた者に一から一〇まで言えない」と言われてしまった。

その四、百姓未経験。百姓の経験があれば「門前の小僧」ということもあり、なにかと機転や応用動作をきかすことができたのに、とつくづく悔やまれる。班長たちは手袋なしで歩くが、私がそうできるようになったのは六年目に入ってからである。百姓の経験があると、身体どころか手の皮でさえ、できが違うのだ。

右利き用につくられている道具のなかで唯一の例外がナタである。右利き用には右に、左利き用には左に、刃がついている。ナタは手首を使えと言われるが、やはり慣れることに尽きそうだ。周囲に笹や灌木があれば、まずそれから切るのが基本だ。そして、狙い目の木を左手(左利きならば右手)で曲げるように持って、元から切る。

他の道具は基本的に幹に対して刃を水平にあてて伐るが、ナタは手前へ引くように垂直に近い斜め切りにする。また、古木はノコギリで伐る。硬いから、ナタでは刃が欠けてしまうのだ。さらに、ナタが折れやすいから、叩くような使い方は厳禁。私は叩くところを一度見られて、こっぴどく叱られた経験がある。

まる三年が経ったころ、はじめて他の人たちと離れて地ごしらえの作業をすることになった。私は少々不安にかられたが、それ以上に私を喜ばせたのは、「いまの安藤ならば一人でやらせても大丈夫だろう」との無言の信頼ある命令が下されたことである。その意に沿うべく、きちんとした仕事をしようとの想いで私は取りかかり、結果はその日の記録ノートに次のように書かしめた。

「今日の仕事は会心のできだった。この味を忘れまい」

やはり三年は一区切りか、ということである。三年経つと、ある種の飛躍があるという。とくに「続けられるだろうか」と苦悩したことを想起するとき、一層その感を深くする。

作業後、気分爽快なうえに時間にも余裕があったので、山の地形・植生、遠景の山並み、山里のたたずまいなどを、心ゆくまで眼にきざんだ。このような自然に身をゆだねるとき、これまでの激務と罵声がなつかしい友とも言えるようになる。その夜、回想に浸る心に響くような酒を友としたことは、言うに及ばない。

ズボンまでビショ濡れになるほどのうだるような炎天下での草刈りの際、ひらめくように「コツをつかんだ」という想いにかられたこともある。たとえば、草の硬さの違いや草地の木の生え方の違いによって刃をどう換えればよいか、見分けができるようになったのだ。しかし、残念ながら、私にはこの腕上がりの心もちを表す筆力はない。

安藤、腕を上げたな

こうした甲斐があって、除伐にも慣れていった。除伐にも、草刈機を使う。取扱説明書には「直径八センチ以上の木を伐るな」と書かれているが、現場ではそんなことはお構いなしだ。ただし、木を伐るときは笹刈りと違って、刃を研ぐだけではなく、アサリ出し器という器具で、上の刃を手前側、下の刃を向こう側に、それぞれ曲げる。こうすれば刃が左右に開くから、刃が木に喰い込まない。だから、木をジャンジャン伐ることができる。腕が上がれば、直径三〇センチの木も可能だ。

除伐の場合は蔓などもあり、ジャングルのようなところを伐り開いていくことがある。ある面では大変だが、刃がよく切れれば爽快な作業だ。刃を木の幹に直角ないし水平にあてるようにして、できるだけ切断面を狭くして伐る。上手にある木は、草刈機を裏返しにすると、刃が木に対して直角近くになる。竹はすべるから、刃のあて方に要注意だ。草刈機の棹(メインパイプ)を竹の幹につけ、刃を幹にかぶせるようにあてながら、引くように伐る。こうしないとキック・バック(跳ね返り)が生じ、事故につながるのだ。竹は中が空洞だから、おもしろいほど伐れる。スポーツ林業といえようか。

班長たちは口々に言う。

「伐ろうとするな！　刃は自然に伐れる（木に喰い込む）ようになっとる」

「木が刃を待っているから、木に刃が吸い込まれていくように伐れ」

「もっと楽に、力まずに伐れ」

「木が痛みを感じないように、スパッと品よく伐れ」

いまでこそ、これらの戒め言葉は実感をもって理解できる。だが、当初は悪戦苦闘というより、「これでもか、これでもか」と木とケンカしているようなものだった。例のごとく、汗だくのハアハアで。そんなケンカをしているうちに、笹混じりの除伐は刃が大きい（直径がある）ほうがよいとか、木だけならば刃が小さくてもよいとかが、わかってくる。つくづく、「習うより慣れよ」だと思い知らされた。

二五年以上前に吉川英治の『宮本武蔵』を読んだころ、たしかこんなくだりがあった。ある道場破りが剣客《けんかく》・柳生宗矩《やぎゅうむねのり》のもとを訪れる。宗矩は居留守をつかい、取次の者に、小刃で切った一輪の花を道場破りに差し上げるように伝える。そして、戻って来た彼に道場破りの反応を問うが、無反応だったという。

私は当時、その意味するところがわからなかった。いまは、それこそ鮮明にわかる。一輪の切り口の鋭利さを凝視してほしかったのだ。まさに「名人は刃物を切らす」である。

木の伐り口を見れば、腕の確かさがたちどころにわかる。新米のころは、黒かったり、ギザギザだらけになったりする。刃研ぎとアサリ出しがうまくなれば、伐り口が鋭くなる。三年以上経ったころ、「安藤、腕を上げたな」と言われた。そのとき、駆け出しのころに「腕の上達が楽しみで、いま仕込んでいるのだ」と言われたことが、鮮明に回想されたものだ。

ある日、久しぶりに除・間伐をすることになり、不安がよぎったが、きちんとできるではないか。私の身体は山仕事に慣れたのだろう。

もちろん、木の伐り方、倒す方向、倒れる速さ、運搬しやすさなどを考慮して、どの部分をどう残すかは、実にむずかしい。まだまだ場数を踏まなければと思うことしきりである。また、どのようにやれば早く伐れるかも重要だ。たとえば、草刈機で直径二〇～三〇センチの木を伐る場合は、倒れる方向に三角形の伐り口を目一杯入れることが求められる。とくに、木の粘りが強いときや傾いているのとは逆方向に倒すときは、口を大きく開ける。その程度は直径の三分の二までなら大丈夫といわれている。もっと細い場合は、先に左側に伐り口を入れることも肝心だ。

振り返ってみると、チェーンソーにはじめて触れたのは、伐られたヒノキの枝払いだった。木は倒れているのだが、それでも多少は怖かった。それは忘れもしない九八年一月三〇日である。そして、はじめての間伐が三月二二日。直径一〇～一五センチの木を一〇本、伐り倒した。最初の二～三本は怖さでいっぱいというのが正直なところだったが、倒れる瞬間は爽快そのものだ。その夜、喜びのあまり東京の妻に電話したほどだった。

チェーンソーも慣れるにしたがって、怖さはだんだん薄れていく。しかし、一抱えも二抱えもあるような大木の伐木は、とてもできない。そのために、伐木班がある。私たちは造林班といわれ、大木の伐木以外はカモシカの防護柵づくりや作業道づくりなど、何でもやる。この何でも屋ということが、私の森林の見方を広く深いものにしてくれた。

最後に「舞うチェーンソー」の話をしておこう。木曽の七〇歳以上と思われる老人のチェーンソーの手さばきに、私は目を見張った。まさに、舞うように使いこなすのだ。しかも、自分の身体の分身のように。そのさばきは「芸術そのもの」であり、私を魅了してやまない、しなやかさがあふれていた。

総合力を求められる山仕事

〇一年七月二一日の記録に、「林業は奥ゆきがあって、総合力を求められるハード（技能的職）」とある。村入りしてからの私はほぼ毎日、その日の仕事を帰宅後メモにし、さらに将来まとめようと考えていたので、ノートに記録していた。四年三カ月が経ったころのものだ。

いまの私の感覚では、このハードは「ハード（技能的）かつソフト（知的）」と訂正するのがふさわしい。すなわち、「林業とはまさしく奥ゆきがあり、総合力を求められる、ハードかつソフト的職業である」と。一言で言えば、「多能工的職」と表現できるだろう。こうした林業のとらえ方の変化を、林業への認識の深まりと解したい。

作業の開始にあたり、作業道づくりから着手しなければならない場合がある。ときには橋をかけるが、橋づくりには総合力が試される。かける場の安全性、周囲の地形の安定性、近くに橋づくりに要する材料があるか、その材料運びの効率性などの判断力が一瞬のうちに要求されるからだ。いったん架けると決まれば、ただちに材料の伐り出し、運搬、固定という作業(技能)が待っている。こうしたソフトとハードの手ぎわよい連携プレーによって橋は完成される。まさに総合力のなせる技だ。

初めのころの私は、何もできない。なりゆきを凝視し、「なるほど、こうするのか」と見ほれていた。

ここで見落としてはならないのは、ああだこうだと一日がかりでかける場合と、サッと判断して一時間でかけた場合の、できばえの差である。「難儀な仕事に、よくできたためしがない」といわれるように、後者がすぐれている。即戦力ならぬ即成力がモノをいうのだろう。こうした芸当すなわち判断力と技能は、山村育ちである年配者(班長は七〇歳過ぎ)ならばワケもないのだろうが、町育ちの私にはとてもできない。ある面では、伐木よりよほどむずかしいと痛感させられる。

感覚的ではあるが、林業には技術というより技能的なものが求められる気がする。では、技術と技能はどう違うのか。前者は知識を、後者は知恵、技、経験、体力を求められよう。さらに、後者は体を張って覚えるもののような気がする。山仕事は多岐にわたるから、それぞれに対する知恵、技、工夫、道具が要求される。ある人が言った。

「木工や製材の仕事は一週間で覚えられる。造林班の仕事は厄介だが、なんとかなる。しかし、伐木班の仕事は奥が深く、職人芸的で、教えようがない」

ところで、当初は「安藤は悪場を避ける、逃げる」「研究心や観察力に欠ける」などと言われたが、私としてはきわめて心外だった。たしかに、勝手がわからなくてウロウロしていることが多かったのは事実だ。しかし、枝打ち、地ごしらえ、下刈り、除伐、間伐など、どれもはじめて耳にする言葉ばかりである。まして、実際の作業は想像を絶していた。頭から余裕という言葉は消え、研究心を発揮するなど夢のまた夢だったのだ。

私はかつてのネパールへの技術協力をとおして、思考力には理解力・吟味力・批判力という三段階があると気づいていた。林業における私のそれは、この三段階以前だと指摘されたようなものだ。なにしろ、「マイナス五年生からの出発や」と言われたことさえあるのだから。

総合力との関連で困ったことは、仕事の手順がなかなかつかめなかったことである。新しい現場に行くと、まず大まかな下見をする。そして、俗に「段取り七分、仕事三分」といわれるように、事前打合せをする。そのとき耳を目一杯そばだてるのだが、わからない。聞いたこともない言葉も混じるから、なおさらだ。これには、ほとほとまいった。

これでは、一人立ちはいつになるのか見当もつかない。一人歩きができなければ力がつかないことは、山登りをとおして実感していた。グループの登山では、どうしても他力本願になりがちだからだ。

総合力といえば、たき火と地形である。

冬になると、現場近くまで行くと必ずたき火をする。身体を暖めながら道具を研いだり、作業の手順を相談したりするためだ。まず、たき火をしやすいような平らか、火が周囲に燃え移りにくいかを判断して、場所を選ぶ。つぎに材料を見分ける。そこで求められるのが、燃えやすい広葉樹の知識だ。

東濃地方でハレハレとよばれる木がある。和名をシロモジ(白文字)といって、白文字油という灯油が採れるほどだから、よく燃える。この木の葉はマンモスの手のように浅く三裂になっていて、見分けやすい。ちなみに、木肌の色は名と違って黒っぽい。しかも、萌《ほう》芽更新《がこうしん》(伐り株や根から新しい芽が出る)するから山荒れの心配はない。こうした木の知識も必要だ。たき火は橋づくりほど厄介ではないから、総合力を養う訓練としては格好の素材である。

また、どのように道づくりすれば、作業が楽ではかどるかを見定めるには、地形を読む力が大切になる。上下、左右、尾根と谷の状況など、四方八方への目配りと気配りが要求されるから、たき火より高度だ。

こうしたなかで、「マイナスからの出発」と言われるほど落ちこぼれだった私も、班長たちの仕込みよろしく、総合力への腕が遅々とはしながらも上達していく。もともと場数さえ踏めば、研究心や観察力を発揮できるだろうという希望的な読みはあった。それがあったればこその激務に対する忍耐である。

少しずつ、周囲への眼配りや仕事の段取りが頭に入ってくるようになると、心のゆとりも生じる。四年半が経ったころ、翌日それまでとはやや異なる地ごしらえをすることになっていたので、私なりに考えた案を班長に電話で伝えた。それが了解されたとき思わずニンマリしたことは、いまも忘れられない。

ただし、ここでいう総合力は、林業という「経済林」へのそれだった。今後は、森林という「環境林」がそれに加わる（詳しくは結章参照）。したがって、これからの腕みがきには、より広く深い現場指向にもとづく総合力が決め手となる。

森林の立体的な姿を知るために

班長と私は、喘《あえ》ぎながらの直登が終わったところで一服している。そこは亜高山帯の下限あたりだから、標高一五〇〇メートル程度だろう。

「この辺は亜高山帯になるんですよねえ」と私が言うと、班長は解《げ》せない顔をしている。下山後に「安藤がむずかしいことを言いよった」と話していた。

こうした言葉は班長も当然知っていると思っていたから、私は困った。照葉樹とか植生遷移という言葉もときに口にしたが、誰も知らない。そのうち、こういう言葉を使うと煙たがれるということがわかり、使わないようになった。そこで、どうしてこういう言葉を知らないのだろうかと考えて、林業をやるのには必要がないということに気づく。

亜高山帯も照葉樹も植生遷移も、私が定義する森林業では常識でありたい。森林業を一言で表せば、環境生産業である。それは、森林すなわち環境林を主眼としながら、木材の生産を主とする林業をも含む概念だ。森林業の第一歩は、面(森林)から入って点(林業)に至る森林把握にある。

後述する森林インストラクターの勉強中、常に私の頭をよぎっていたことがある。それは、森林のさまざまな側面をわかりやすく理解するために、立体的な一覧表をつくれないか、ということだ。また、私の自然への基本認識は、自然界は複(雑)にして単(純)、単にして複という二つの側面が渾然一体とした世界をなしている、というものである。その世界をわかりやすく把握したいという問題意識もかねてからあった。

以上の二点を念頭におきながら、森林の立体的な姿から導き出されたのが、「垂直構造」というとらえ方である。植生帯の立体的な垂直分布を主にしながら、他の要素も取り込んで組み立てたものだ。

ここから、森林の全体像をわかりやすく把握する視点が得られないだろうか。そう考えて、まだ発展途上ではあるが、いままでに把握された要素をまとめたのが五六ページの表だ。森林について多くの人びとに知ってもらうためには、多少なりとも役立つのではないだろうか。この表にもとづいて、垂直構造の各側面を説明していきたい。

なお、ふつう分布帯は左に位置するが、ここではほぼ中央に置いた。それは、分布帯の左と右とでは内容が異なるため、こうしたほうがわかりやすいと判断したからである。また、北緯三六度は、東から霞ヶ浦《かすみがうら》(茨城県)、諏訪湖《すわこ》(長野県)、福井を結ぶ線となる。川上村役場は三五度だ。

表　中部日本のさまざまな垂直構造（北極約36度）

相観	植生帯	気候帯	分布帯		所有区分	階層構造
草原、荒原	コマクサ―タカネスミレ群集	寒帯	上部	高山帯 2500m以上	―	高木層 10～15m以上
常緑針葉低木林	ハイマツ帯		下部			
森	林	限		界		
落葉広葉低木林	ダケカンバ―ミヤマハンノキ群集	亜寒帯	上部	亜高山帯 1500～2500m	国有林	亜高木層 3～5m以上
常緑針葉樹林	オオシラビソ帯		下部			
落葉広葉樹林	ブナ帯（ブナ・ミズナラ林）	冷温帯	上部	山地帯 （低山帯） 500～1500m	公有林	低木層 1～2m
落葉広葉・常緑針葉樹林			下部			
落葉広葉・常緑針葉樹林 常緑広葉（照葉）樹林	カシ帯	暖温帯	上部	亜山地帯 （丘陵帯） 〔里山〕 500～600m	私有林	草本層
常緑広葉（照葉）樹林	シイ帯		下部			コケ層

①分布帯

　高山帯・亜高山帯の表現は共通するが、山地帯・亜山地帯については統一されていない。亜山地帯を低山あるいは丘陵帯とする場合もある。ここでは亜高山と亜山地という統一性（わかりやすさ）を重視した。なお、亜山地帯がいわゆる里山となろう。

②相観

植物の集まりによって形成される景観。人間でいえば人相と言えようか。

③植生帯

植生は植物の集まり、群集はある相観をもった植物の集まりである。

④気候帯

寒帯・温帯・熱帯の三つがあり、それぞれが二つに分けられる（表では、熱帯はない）。

⑤所有区分

川上村での知見にもとづく区分だが、全国的にもほぼこのような分布帯に対応しているのではないか。なお、公有林と私有林をあわせて民有林とよぶ。人工林面積の九〇％は民有林で、日本林業の再生のカギが民有林にあるといわれるが、私もほぼ同感だ。

⑥階層構造

異論もあろうが、分布帯の各表現と対応（高山帯―高木層）させて覚えやすくするために、ここに配置した。

⑦森林限界

表の二五〇〇メートルは中部山岳地帯のもの。気温の関係で、東北では一八〇〇メートル、北海道では九〇〇メートルに下がる。

高緯度・高標高になるほど気温が下がる率は、水平方向には一〇〇〇キロで五度（東京を起点にすると、函館が約九〇〇キロ、札幌が約一二〇〇キロ）、垂直方向では一〇〇〇メートルで五度（六度という説もある）となる。ちなみに、風速による体感温度の逓減率は風速一メートル増すごとに一度である。

ところで、亜高山帯と山地帯の境界は一般に一五〇〇メートルといわれているが、実地踏査により北アルプス（飛騨山脈）のそれを一六五〇メートルとした人がいる。これほど日本の山を歩いた人間はいないと自他ともに認める、故・今西錦司《いまにしきんじ》氏である。ダーウィンの進化論の向こうをはって親性進化論を提唱し、晩年は自然学の樹立に傾倒された氏は、『日本山岳研究』（中央公論社、一九六九年）に所収されている「日本アルプスの垂直分布帯」（発表は一九三七年）で、この一六五〇メートルを提唱した（この本は、評者をして「前にも後にも出版されないであろう」と言わしめたほどの名著である）。

日本では森と山《やま》は同義語だが、昔からいわれているところの森といえば、山地帯すなわち一五〇〇ないし一六五〇メートルまでを指していたのではなかろうか。表からもいえるように、それから上は針葉樹林、それ以下は針広混交林である。東濃地方の混交の割合は、八対二で広葉樹が優勢だったようだ。

この垂直構造表を見ていると、あらためて日本の山は崖（急峻）で、川は滝といわれたことが想起される。川上村の最高峰・奥三界岳《おくさんかいだけ》は一八〇〇メートル、最低地は坂下町との境で四〇〇メートル。この標高差一四〇〇メートルが村の垂直構造と言えようか。そして、世界の一大垂直構造は、やはりネパールだろう。最高峰のサガルマタ（ネパール語名。エベレストは測量当時のインド測量局長官（イギリス人）の人名。チベット語名はチョモランマ）の約八八〇〇メートルと、もっとも低いインド国境のタライ地方（約二〇〇メートル）との差は、約八六〇〇メートルにもなる。これが自然災害王国といわれる理由だ。垂直構造的であればあるほど、脆い自然へ配慮しなければならない。

「美しい森林は、環境の生産だけでなく、木材生産性も高い」と指摘するのは、三重県海山《みやま》町にある速水《はやみ》林業代表の速水亨《とおる》氏や、哲学者で森に関する著書が多い内山節《たかし》氏だ。私は、この垂直構造を足がかり、手がかりにして、美しい森林づくりにいそしみたいと願う。そして、麗《うるわ》しい山容水態を求めていきたい。そこに森林の質が問われているし、日本の自然美の核心があるからだ。実際、ほとんどの自然公園は山岳地にある。表を知の背景として、山水美をより愛《め》でることに活かしていきたい。

現場で納得する光合成と植生遷移

私は班長とともに、何回もホウ（朴）の葉を採りにいったことがある。朴葉餅をつくるのに使われるほどだから、葉は大きい。その折、ホウの木は光合成の見本であることを、木自身が教えてくれた。

葉が大きいから当たり前ではあるが、周囲の木に葉があるところや日があたらないところには枝が一本もない。なかには、地上一〇メートルほどまで枝がない木がある。十分に日を得られるところまでいって、はじめて枝を出し、葉をつけるのだ。ここまで日を求める貪欲《どんよく》さには、たまげてしまう。一方で、村の道端のように日を得るのに他の木から邪魔されないところでは、地上一メートル以下にさえ枝がある。私は、川上村という教室で理科の勉強をしているようなものだ。まさに木にとって、光合成はかけがえのない食材であることがよくわかる。

この知識を人工林に応用してみよう。木は人間と同じく、伸張（高さ）生長と肥大（太さ）生長をする。ところが、現在の人工林は間伐はじめ手入れの不足によって、不健全きわまりないモヤシ状の現象を呈している。すなわち、木と木の間隔がつまりすぎているために、高くはなってても太くならないのだ。その原因を一言で言えば、受光不足にある。これは、光のあたらないところには余分なエネルギーを使わず、枝を出さないようにして、光があたるところにできるだけ早く枝を出そうとする、木の生き残り策といえる。

試みにスギやヒノキの人工林を見ていただきたい。木の直径が不ぞろいな割に、樹高はそろっていることを発見するであろう。この現象は、高さ生長一点張りの証拠である。そこに台風が来れば当然、災害を招く。

また、三年前に皆伐された三ヘクタールの国有林で、翌年春の植林に向けて初夏に地ごしらえを行ったことがある。まず、草刈機で伐採後に生えた雑草や灌木などを刈る。三年間に、刺《とげ》のあるイバラ（茨）があたり一面に生えている。初夏で半袖だから、それこそ動くたびに痛い。ところが、この災いが、植生遷移を理解するのに福となる。これは、遷移の実態そのものではないか。私は遷移の真っ只中にいて、痛みとともに知を身体に刻みつけている。活きた教材から植生遷移のありようを学んでいるのだ。

同時に、古《いにしえ》の人の森林と自然を洞察する眼の確かさを発見した。「草」「茨」という字から草冠《くさかんむり》を取れば、「早」「次」になる。そこに遷移の順序が如実に示されている。また、「早」という字を分解すると、「日」と「十」となる。つまり、草は日を十分ほしがる植物なのであろう。

伐採地などにはまず草が生え、続いてイバラ（茨）が繁り、さらに陽木（マツのような耐陰性の低い木、陽樹）、陰木（ヒノキのように耐陰性が高い木、陰樹）の順に、林相が変わりながら極相（遷移が進み、植物が最終的にいきつく植物群落）に向かう。こうした森林の実相に身をおくとき、私はある種のときめきを禁じ得ない。ただし、この遷移は教科書上の記述であり、必ずしもすべてこうなるわけではない。事実、林道脇には陽木と陰木が混生している。宮崎県などでは、陰木である照葉樹を伐った後、すぐに同じ照葉樹が再生することがよくあるそうだ。そこでは、陽木を欠いている。

なお、伐採地から始まる遷移は二次遷移といい、この遷移途上にある森林を二次林とよぶ。日本ではほぼ隅々まで人手が入っているから、天然林といっても、ほとんどすべて二次林だ。人手が入っていない原生林は、まず存在しないといってよい。

このように、伐採地に二次林が生え、最終的には極相となる過程で、途中から人手を加えるのが植林である。ここから人工林が始まる。たとえばヒノキの人工林の場合、草から陽木までの遷移過程をとばして、ヒノキの苗を植えることになる。それは遷移に逆らうことだから、自然の抵抗が生じる。その抵抗を取り除く作業が下刈りであり、除伐である。さらに、良材を得るための作業が間伐だ。

水持林か水源涵養林か

二〇〇一年の冬、雪で仕事が休みの私を夢中にさせたものがある。それは、『川上村史』（川上村史編集委員会、一九八三年）であった。文字どおり耽読し、実に適切な表現に出会ったのだ。それに比べて、あの不的確な言葉は何だろうか。前者を水持林《みずもちりん》といい、後者を水源涵養林《すいげんかんようりん》という。

私は森林インストラクターの勉強を始めて一年ぐらいして、この水源涵養林なる言葉への違和感が払拭できなくなる。モヤモヤした気持ちを抱きながら、ズバリ的を射た言葉がないものかと、折にふれて考えていた。そんな状況下で、水持林と出会ったのである。

水源涵養林を問題とするのは、森林の実態にまったくそぐわないだけでなく、実態への誤解を招くと痛感するからである。水源涵養林とは水源を確保するために開発を禁止した森林のことだが、やさしく言えば、「水の源をつくる林」となる。

だが、森林は決して水をつくることはできない。逆に消費する。水が蒸発するし、木に含まれる水が水蒸気となって蒸散するからだ。その量はバカにならない。木は生きており、相当な水を使うのである。かつて「森林水源枯渇論」まであったが、これは言いすぎだろう。「水源消失林」が妥当と言えようか。

水の大切さは、論をまたない。水の循環の仕組みを知ることの大切さも、論をまたないだろう。私たちが日常的に身近に接している水は、自然の仕組みを知る道しるべと言えるからだ。水持林すなわち「水持ちのいい林」ならば、「日持ちのいい野菜」と同じく日常語として定着できる。それに、この言葉は森林の実態を反映している。だから、わかりやすい。それなのに、水源涵養林などという非日常的でむずかしい語を、なぜわざわざ使うのだろうか。

この言葉の由来を調べてみると、正式名称は「水源涵養保安林」といい、ドイツの制度を参考にして一八九七（明治三〇）年に発布された森林法にもとづく保安林制度のもとにあることがわかった。保安林という考え方自体はすでに江戸期にあり、「水山」とか「水持山」とよばれていた。こうした自然の実相に合ったわかりやすい言葉が、なぜまったく反対のむずかしい言葉に変えられてしまったのか。その理由は、後にくわしくふれる「脱亜入欧」策のいきすぎに求められよう。

欧化主義への偏重は、森林法だけでなく、ほぼ同時期に発布された河川法や砂防法についてもあてはまる（この三つの法律を治水三法という）。日本には武田信玄《たけだしんげん》や加藤清正《かとうきよまさ》など世界的な治水家がおり、信玄堤《づつみ》のようなすぐれた伝統工法も多い。ところが、そうした工法が欧化主義のもとでついえてしまったのだ。悪しき治水三法については、富山和子《とみやまかずこ》氏が『水と緑と土』（中央公論社、一九七四年）で、舌鋒《ぜっぽう》鋭く批判している。

一方、「魚付き林」という保安林もある。これは、むしろ逆に「魚群涵養林」と言い換えたい。ある魚獲り名人が「獲るほどに魚はウジャウジャわいてくる」と言ったそうだ。まさに、「魚をつくる」と言える。もっとも、その川はよほど生き物にとって環境が良好なのであろう。

ある林学者は、水源涵養林のような言葉に象徴される、実態から離反している林学界のあり方を慨嘆し、「自然と人間の本質的な関係に留意せず、林学者と言いながら、木を見て森を見てこなかった」と述べている。この現象について私は、日本は木の文化でありすぎて、その分、森の文化が見過ごされてきたためだと考える。

自然の実相を表すのに、やさしくてつじつまが合う言葉を、これからも探し求めていきたい。そして、自然の仕組みをわかりやすく実証的に表していきたい。

川上村を貫流する川上川の左岸には、上流の人家のあるところから下流の坂下町との境界までに、七本の沢がある。そのうちの一つの名は、なんと「水持谷《みずもちだに》」だった。村の数人のお年寄りに「水持ちがいいということと関係があるのですか」と尋ねたところ、三人の古老には否定されたが、一人の初老の方は「そうにちがいない」と言う。残念ながら、まだ由来の確証はつかめていない。命名には古の人の自然に対する思い入れがあるはずなので、なんとか調べたいものだ。

偶然の一致か、水持林という言葉を知った年の秋に、この水持谷で作業し、水と関係深いキリ(桐)の群生にもはじめて出会った。キリやハンノキなどは好水性があり、水木《みずき》とよばれる。私はこの水木に注目している。水木という広葉樹には強靭さがあり、災害防止面で威力を発揮するにちがいないと思うからである。

承章

源流の暮らし

無いないづくしの豊かな生活

冬の早朝（六時過ぎ）の外は、まだ薄暗い。そのなかを、単車で寒風をきりながら疾駆する。そのすがすがしさがたまらない。いちばん上には、かつて暮らしたネパールのヒマラヤ山麓で愛用していた羽毛服を着ているから、まったく寒さを感じない。

川上村の生活では必需品といわれる自動車を、私は持とうとしなかった。村入りを前にして、できるだけ質素な生活を心がけようとしたからだ。車を持たないことは、その象徴と言えようか。

単身赴任であった私は、健康の維持に努めなければならない。酒もタバコもやる私は、病気にならない一つの手段として、質素で不便な生活を求めたし、また強いられたとも言えよう。その背景には、我がままを許してくれた妻への心からのわびと深謝があった。また、人工物をきらうという性癖もある。クーラーや扇風機はない。石油ストーブもできるだけ使わない。冬に机へ向かうときは、羽毛服と寝袋にくるまっている。この二つがあれば、かなりの寒さはしのげる。

テレビやラジオには関心がない。もっと正確に言えば、テレビを見るより楽しいことがたくさんあるから見ないのだ。反面、新聞は精読し、切り抜きも励行している。

そして、だんだん質素な生活を送るための工夫をする喜びを知るようになった。たとえば、安易に外食に走るのではなく、野菜、味噌、醬油など地の食材を使って自炊する。激務の山仕事で破れた衣服を使い捨てせず、つくろいながら着こなす。これらをとおして、心が豊かになっていく気さえした。

こうした「質素を旨とす」の背景として、できるだけ自然に帰りたかったのかもしれない。実際、自然に親しむとは不便になじむことに通じると、実感したものだ。不便な生活を送っていると、自然との接触時間と面積が広くなる。それは、自然そして森林への感性をみがくことにもなる。その具体的な行為が、歩くことだ。

「飽食」という言葉がある。それにならって「飽便」という言葉があってもおかしくないほど、私たちの生活は便利さに満ち満ちている。私は体験から、「不便のすすめ」を提案したい。とかく、きれいなものにはトゲがあり、便利なものには毒がある。村入りしてすぐに高校の恩師が訪ねてきて、言った。

「車だと、ろくに挨拶もできない。それだけでも人間関係は薄まっていく」

そう、単車なら挨拶はできる。とはいえ、私もときには運転するからわかるが、車の便利さにはかなわない。

村入りした九七年の夏のある日、村を貫流する川上川に沿った道を人家のある上流から隣町との境界近くの下流まで、歩いてみた。車なら一〇分のところが、一時間ほどかかる。当たり前かもしれないが、山里の風景が六倍以上も眼に入ってくる。村では、歩く人をまず見かけない。私はこの日、歩くことによるもうひとつの豊かさ、すなわち里山の自然とのおしゃべりが心身にもたらす豊かさを実感した。そして、思った。心の貧乏は歩きの貧乏から始まるのではないかと。

出勤時もたびたび、村の景色とくに森林のありさまをじっくり堪能しながら、歩いていった。もっとも、これは質素どころか、かなりぜいたくな仕事場行きであったと思う。村の人たちにはこうした想いは伝わりにくいかもしれないが、雑踏にまみれ、自然に飢えた都会人には通じるだろう。

先に記したように、私の住まいは築五〇年で、たしかに古い。イギリスのビショップが一九世紀初めに作曲した「埴生《はにゅう》の宿」そのものだ。しかし、ほどよい沢の音、沢の向こうに見える里山の風情、あるいは戸を開け放しての雪見酒などが、どれほど心を豊かにする情趣を運んできてくれたことか。

無いないづくしの生活どころか、相当にぜいたくで豪華な暮らし向きと言ったら、言いすぎになるだろうか。こうした環境が、私を心身ともに一〇歳ほど若返らせてくれたような気がする。

「Small is Beautiful（小なるは美（善）なり）」という言葉がある（E・F・シュマッハー著、斉藤志郎訳『人間復興の経済』佑学社、一九七六年）。私は体験から、これにならって「Simple is Beautiful（質素に幸あり）」と表現したいと実感している。

一物全体と身土不二

「安藤さん、今日は卵がたりないから、鶏小屋を見てきてくれ」

私は言われるままに小屋へ行く。そして、まだ雌鶏《めんどり》に抱かれている卵を、鶏を押しのけて取ってくる。こういう芸当ができることを、村入り前から、それこそ夢見ていた。それが正夢《まさゆめ》となり、小躍りしてしまうほどだ。こんなことは、東京ではまずあり得ない。

私は村入りに際して、いくつかのテーマを自らに課した。東京で自然食品店を約一〇年やっていたこともあって、そのひとつに食の二大原則の実践がある。それは、「一物全体」と「身土不二《しんどふじ》」だ。

一物全体とは、平たく言えば「丸ごと」である。たとえば大根なら、葉はもちろん、皮もむかずに、すべて食する。魚なら、イワシの丸干し(メザシ)のように頭からすべて食べられる種類を食する。丸ごと食べることによって、栄養をバランスよく摂れる。とくに、野菜は実と皮の間に栄養がある。

身土不二はややむずかしいが、これからの森林づくりの要である適地適木や針広混交林と不可分だ。その意味するところは「身（体）と土（地）は二つにあらず」、すなわち身体と土地は一つということである。ある土地で生活している人は、その土地で穫れた産物を食することが、自然の理にかなっている。川上村の人は、川上村で穫れたものを食べるのがふさわしい。今風に言えば、地産地消であり、旬産旬消《しゅんさんしゅんしょう》である。スロー・フードあるいはスロー・ライフにも通じよう。

適地適木の場合の「地」は、身土不二の「土」にあたり、「木」は「身」に相当する。つまり、木の食は自己施肥機能――木が自ら生長の糧《かて》を自分でまかなう機能――にゆだねることが、自然の理に適《かな》っているのである。

身土不二は途上国への技術協力の分野では重要な概念で、私がかつて心血を注いだ適正技術（「適正技術による技術移植」という題で八〇年に論文を発表）に通じる。その骨子は、「技術は生き物である」ということだ。これを食にあてはめれば、「生あるもの（人間）は、生あるもの（作物）を食す」と言えるだろう。すなわち、食とは私たちの生を生あらしめる源であり、旬を食べることである。この姿勢こそ、生き物への食作法だ。

ところが、私たちは現在、どれほど「死せる物」を食していることか。その典型は食品添加物だ。これはもう、食害というより食毒である。なにしろ、摂りすぎないようにと戒められている塩に近い三～四キロを摂っているのだ。しかも、個々の添加物は微量だから問題ないと軽視されているが、直視すべきは年間の総量なのである。

食事という文字は、「人を良くする事」と書く。ところが、周知のとおり、どれほどあべこべの現象が多いことか。

食を考える際に重要なものは、食材、料理法、摂取法の三つである。このなかでもっとも重視されなければならないのが食材だ。ところが、これがもっとも乱れている。村入りして、田舎の食材は都会に比べればまだマシだと思った。とくに、野菜はたいていの家が多かれ少なかれ栽培している。田舎の子どもは、都会の子どものように「トマトはスーパーで穫れる」とは言わないだろう。料理法については、都会には包丁とまな板を持っていない若い人たちがいるという。これでは、まともな食生活はとても送れない。摂取法に関しては、ファスト・フードやコンビニの弁当の大半は、食事とは言えないだろう。

私が考える食の四戒は、「安い、きれい、便利、速い」である。逆に、「高い（実は適正価格）、汚い（泥がついている）、不便、遅い」という条件を備えた食が健康への必要条件だ。よく自然食品（木造住宅も）は高いと言われる。だが、そこには安心料と安全料が加算されているのである。それで健康が維持できれば、総合的には割安になる。

冒頭に書いた卵は、農家の庭先で採れた無洗（自然）卵だ。あたかも工場のような狭いケージで飼われた鶏の卵は、洗剤によって洗卵されているからきれいなのだという。ワックス塗りの果物や異様に光るサンマなど、こうしたきれいさには落とし穴がある。卵という生き物には、生命力をより保持するための被膜（クチクラ層）がある。この膜が洗卵により除去されれば、早く腐ってしまう。

私はできるだけ、野菜を村で入手している。それも、可能なかぎり玉葱や里芋のように漢字で書ける野菜を。なぜなら、日本人の身体にかなっているから伝統的に食べられてきたと思うからだ。これこそ身土不二である。ブロッコリーやカリフラワーなどは食べない。むろん、見ばえなど気にしない。

伝統野菜のお陰か、村入りしてからの私は、明らかに健康になったと実感する。村へは健康謝礼金を払うべきかもしれない。

そして、私にとっての大発見は、自炊をほぼ一〇〇％達成していることだ。食事づくりどころか、横のものを縦にもしなかった家事音痴が、である。しかも、五時起きして。東京では夜ふけまで起き、朝寝坊好きだった私が、である。やればできる、ということなのだろうか。

手づくり料理の味は、まずまずだ。村の旬の野菜がかもす味の賜物だろう。まずくては激務の山仕事の活力源になりはしないから、大助かりである。

花粉症の主犯はスギではない

私がこう考えるのは、二つの単純な現象からである。まず、もっともスギの花粉を浴びているはずの私たち林業従事者に、花粉症の患者がめったにいないことだ。そして、都会より山村のほうが花粉が多いはずなのに、患者数の割合はその逆であると思われることだ。

では、何が原因なのか。私は自然食品店をやっていた経験から、食の乱れによる人体への影響が大きいと考えている。さまざまな花粉症に関連する情報も含めて、つぎのような暫定的な結論を得た。まず根本的な原因として食の乱れがあり、誘因として自動車の排気ガスが加わり、両者の相乗作用によって花粉症予備軍が生まれる。そこに、一般的にはあたかも主因かのようにみなされるスギが加わって、花粉症になるのである。

食の乱れは、私がいうまでもなくエスカレートしている。おかしなモノを食べて、おかしくならないとしたら、おかしなコトではないだろうか。ところが、日常生活に食の乱れが蔓延しているために潜在化してしまい、この根本的問題がかえって過小視されていると思われる。逆に、スギは現象的に主因とみなされやすいために、過大視されてきた。

誘因としての排気ガスについては、世上でいわれているとおりだろう。また、新聞の投書によると、ある人が顕微鏡でスギの花粉を見たところ、都会の花粉は排ガスで汚れていたという。この男性は田舎へ帰省したら、くしゃみが出なくなったそうだ。さらに、川崎市に住む花粉症の主婦も、帰省してヒノキ・スギ林を散策しても症状は現れず、川崎へ戻ったとたんに鼻水とくしゃみに襲われたという。この二つの例をみるかぎり、スギよりも排気ガスの原因が大きい。私は、スギは多くの因子のなかの一つの起因(きっかけ)だと考えている。

もちろん個人差はあるから、スギや排気ガスが主因の人もいる。しかし、多くの人は食の乱れが主因ではないだろうか。

ここで、肝心な対策である。一部の人は、スギの間伐の促進と排気ガス規制を主張する。だが、どちらも個人の力量を超えており、現実的ではない。これに対して食ならば、個人の裁量がある程度ききやすいだろう。

だから、第一の対策は、食生活の改善である。花粉が多く飛ぶ時期になっても花粉症予備軍にならないように、主因としての食の乱れを減らして、人体に備わる花粉症への抵抗力をつけていけば、花粉症になる可能性はそれだけ減ることになる。

第二の対策は、体験による直感だが、森林ボランティアになることである。森林浴しながら、ほどよい汗を流して、おいしくて健康的な日本食を食べる。そうすれば、花粉症が避けられるだけでなく、身体全体が快調になるはずだ。川崎市の主婦のケースをみると、それはおそらく月一回でも効果があるだろう。これは、軽い糖尿病の人にもあてはまるのではないか。とにかく、脱亜入欧ならぬ「脱都入村」を勧めたい。

知的生活の醍醐味

その日は雨だった。一心不乱に机にかじりつく私がいる。ある面では、受験勉強以上でさえある。私は勉強と仲よくなり、知的生産に酔いしれたかった。ときには、その生産量が増えることに、心のときめきを感じる自分を見出す。私には、林業という昼の仕事と森林の勉強という夜の仕事があった。雨の日は、昼に夜の仕事をすることになる。

三本のあばら骨を強打して一カ月も休んだときは、「しっかり勉強せい」という暗示を感じた。この一カ月は勉強三昧《ざんまい》だ。遊び心というか、勉強に遊んでもらっているようなものである。それこそ福沢諭吉式に「飲んじゃあ勉強、飲んじゃあ勉強」なのだ。疲れたら、一杯やって眠る。起きたら、また勉強の繰り返しだ。

ふだんは、昼の林業の作業と夜の森林の勉強をとおして、林業と森林を学ぶ。しばらくすると、この二つを一つにしたいという願望が出現する。というのは、教科書には、林業と森林はもともと不可分で、両立し得ると書いてあるが、現場では一つの姿が見えてこないからだ。だから、林業と森林は二にして一つの分野ととらえるには、どのような視点にたてばよいのか、という問題意識が鮮明になったとき、私は思わずほくそえんだ。それからの知的生産は、より力強いものになっていく。

昼の現場での体験的生産と夜の机上での知的生産が、相乗作用しないわけがない。昼と夜の仕事が渾然一体となるところに、めざすものがある。こう直感した私は、渾然一体に向けての作業に取り組んだ。体力と知力を求められるその道は、正直なところしんどかったが、醍醐味でもあった。この問題意識が、後に詳しく述べる森林業という概念をもたらす礎《いしずえ》になったと言えよう。

知的生産については、森林に対してほぼ皆無に等しかった知識が、本の初読によって点となり、線となる。そして、再読によって面となっていく。点—線—面という具合に、だんだん広がりをもつのだ。この面的知識を土台にして、さらなる読書による別の考え方との出会いによって、火花が生じる。つまり、参画的読書ともいうべき行為によって、面が深化し、昇華される。

一方、現場で入手された体験や知識が、就寝前の一杯のときに客観視され、深化・昇華された発想に肉づけされて、独自の発想をもたらす。ここまでくると、知的生産はいよいよ佳境に入る。知的生産の成果が自分に同化されたと実感できたときの喜びは、ひとしおだ。こうした領域に立ち至ったとき、その知的生産は、生産というより、芸の域に導かれたかのように感じられた。これを図式的に示すと、点—線—面—深化・昇華—独自の発想と言えようか。私はこれを知的生産の「知の五段階」とよぶことにしたい。

同時に、逆の発想も生まれた。それは、面(森林)—線(ヒノキ林)—点(ヒノキ畑)という変化をたどる。具体的には、作業と勉強の相乗効果によって、まず問題意識が生じる。つぎに、これが問題(面)なのではないかという漠然としたものが生じてくる。そして、その問題が明確化されて問題点(線)として浮きぼりにされる。さらに、その問題点が深化・昇華されたところで最後の核心(点)に至る。これは、問題—問題点—核心となろう。私は、この発想を「問題解決の三局面」とよびたい。

ところで、ここでヒノキ畑の問題を確認しておきたい。本来の森林は、生物多様性に富んだ自然界の一部である。ところが、ヒノキの単一林ではその多様性が損なわれる。では、ヒノキ畑をどうすればよいのか。これについては本書でも部分的にふれるが、本格的な解決策は今後のテーマである。安易な拙速策をとれるほど、状況は単純ではない。

このような知的生活の醍醐味にひたる日々が、どれほど村の生活を充実させてくれたことか。それは、村入り前の東京生活を思うと一変した感がある。そして、独学というものは非効率だと認めたうえで、あえて言おう。本当の勉強は、ときには独学にこそある、と。村での知的生活の醍醐味が、私をそのように教え導いてくれた。

雨と雪が招く酒索

「あれ、今日は雨だ」

「今日は雪見酒とシャレこむか」

雨や雪の日は、仕事は休みだ。だから、私はときに雨や雪と酒を友とする。

座敷の前にはさえぎるものは何もないから、閉所恐怖症の私には絶好の環境だ。沢のほどよい流れの音は、和やかささえも運んできてくれる。こうした環境までも友となる。

とくに、バテた翌日に雨が降ると、まさに恵みの雨だ。英気を養うだけでなく、心身が癒され、心豊かになる気さえする。そして、雨がこれほどいとおしく、恵みたり得たとは、との感情さえ誘う。私はこの村でさまざまな発見をさせていただいた。

雪の日は、実に心がやすらぐ。雪と酒が、なんとすばらしい仲間を招きよせてくれたことか。それは思索という友である。

雪との語らいは、雪という自然と恋愛しているのではないか、との錯覚までもたらしてくれる。雪の博士とよばれた故・中谷《なかや》宇吉郎《うきちろう》氏は、雪を「天からの手紙」と表現している。こうした自然とのおしゃべりをとおして、自然の理を腹の底から理解できることを願った。

酒は発想の友である。どれほど、酒により思索が深められたことか。まさに、「思索の友・酒」、あるいは「酒友酒索」とも言えようか。酒の味わいのときは、同時に私が念願とする森林づくりへの思索の味わいのときでもある。あるときはメモが二〇枚にもなり、文章的なメモまで書いた。それを大学ノートに移し変えるのに一〇日ほどかかったことがある。再び考えに考えて、参考文献も見ながら自分の考えをまとめるのだ。

酒は発想という宝庫を開けてくれる。ときには、その宝庫のすばらしさに唸《うな》り、ついつい飲みすぎて二日酔いになることもあったが……。ああ、罪なる酒かな。

酒に酔い、知的生産に酔いしれる酒索から、本書の一部は生み出された。とはいえ、私は決して上戸《じょうご》ではない。好きなだけで、酔うとすぐ寝てしまう。飲助といえば、福沢諭吉のことを想起する。幼少の諭吉は、グズついたときに酒を飲ませると御機嫌になったそうだ。「一生で二生を得た」と自らを評したが、きっと「よく飲み、よく学ぶ」を地でいったのであろう。私は諭吉の真似ごっこをしていたのであろうか。

あるときの酒は、遠景にけむる霧や霞をながめる私に幽玄を感じさせ、あるいは自然をうたいあげた哲人・吉田兼好の「徒然草」を想起せしめた。

あるときの雨見酒は、晩秋の風情に接しさせてくれた。家の前の沢にはオニグルミ（鬼胡桃）の木が大きく育っている。水を好む水木にふさわしく、沢の中で育っているようなものだ。その葉が黄葉《こうよう》した姿は、とりわけ印象深い。魅惑をかもす晩秋とは、この風情のことだろうか。

半年を着飾ってきた緑の着物を、黄葉のうちに脱ぎ去る。その脱ぐ様は、まさに舞うと形容できる。この有終の美に、日本人の自然への心もちを感じずにはいられない。新緑美に比して晩秋のわびしさをかもしだす自然のけなげさは、心を打つものがあった。

これは、村入り五年目にして目のあたりにした、オニグルミからの風情ある便りだった。この便りを受け取ったのは、私が住み慣れた思い出深き田畑地区である。ああ、なつかしき田畑なるかな。

雨天の一杯が、このようなぜいたくな心もちを、酒とともに運んできてくれた。そして、無いないづくしという質素な生活が、その心もちをより深めてくれたといえようか。

『夜明け前』と二冊の史書

馬籠《まごめ》は、木曽川をはさんで川上村から指呼《しこ》の間《かん》にある。近くに来ためぐりあわせで、そこで生まれた小説を手にすることを、私は村入り前から自らに課していた。それがこともあろうに、ここまで読み込ませようとは。もちろん、島崎藤村《しまざきとうそん》の畢生《ひっせい》の大作であり、日本の近代歴史文学の代表作『夜明け前』である。

初読はその難解さに驚いたが、要点のみの再読では、なんとしびれてしまった。あたかも、あのビートルズの歌がかもしだす、もののあわれにしびれたように。史実を述べる筆致に、あるいはその活写の様に、琴線にふれるというより、恍惚《こうこつ》の世界に没入してしまった。その記述のなかに、漠としながらも私の求めようとするものがあったにちがいない。

このしびれは、『夜明け前』の舞台である落合《おちあい》宿から馬籠宿、そして妻籠《つまご》宿へと歩いて、藤村をしのぶことを想いたたせる。しかも、彼が歩いたのと同じ道を、できるだけ忠実に再現すべく。

そして、驚いた。あれほどの大名行列が往来したとは思えない道幅の狭さに。天下の中《なか》山道《せんどう》とはいえ、登山道なみのところさえあるのだ。

私にとって『夜明け前』での最大の発見は、本居宣長《もとおりのりなが》と『古事記』を垣間見たことだった。とくに印象深いのは、「古(代)に帰ることは……即ち新しき古を発見することである」「本然《ほんねん》の日本に帰れ」という言葉である。

続いて手にしたのが、労作『川上村史』である。やはり明治維新前後を詳細に描写しており、私を魅きつけてやまなかった。とりわけ、『夜明け前』が「山林事件」を、『川上村史』が「官林払い戻し運動」を取り上げて、当時の山村民の窮状を訴える迫力に目を見張らされたものだ。

山林事件は、日本の三大美林の一つといわれる木曽ヒノキの歴史に想いをはせらせる。それは美林に隠された秘(悲)話である。明治時代に入ると、木曽谷では全山三八万町歩(ヘクタール)の大部分が官有地となり、民有地はわずか一〇分の一にすぎなくなった。そのため、困窮のあまり盗伐などの罪を犯す者が増えていったのである。

『夜明け前』には秘話という言葉は使われていないが、私は自らの森林への知見をふまえてそう表現したい。「美林の陰に涙あり」とでも言おうか。そこには、維新後の山村そして藤村の苦悩がにじむ。そして、ここに藤村のすさまじいまでの正義感に想いをはせざるを得ない。まさに雄たけびである。

この雄たけびの極が、主人公を焼身自殺などという生ぬるいものではなく、実父と同じように狂死せしめるのだ。そこには、「明治御一新は民心の解放にある」という夢をくだかれた藤村の告発の具現した魂が読みとれる。ここに、藤村の気魄《きはく》と憤怒、そして『夜明け前』の夜明け前たる真骨頂をみる。

宣長は「自然《おのずから》に帰れ」と説いた。同じような趣旨を説いた人たちが内外にいる。『自然真営道』を著した江戸中期の哲人・安藤昌益《しょうえき》であり、ジャン・ジャック・ルソーであり、アダム・スミスである。藤村も同列の人と言えるだろう。私は先に「漠としながらも」とした。「漠」とは「自然に帰れ」のことだったのだろうか、といまにして思い知る。

ところで、藤村は木曽谷の馬籠という「草叢《くさむら》の中」から歴史をとらえる手法をとった。川上村は馬籠よりさらに草深い地にあるが、ともに明治維新前は徳川御三家の一つ尾張《おわり》藩に属している。川上村は、付知《つけち》・加子母《かしも》（現在の恵那郡付知町・加子母村）とともに裏木曽三カ村とよばれていた。私が『川上村史』を手にした最大の狙いは、『夜明け前』で知った山林事件に触発されて、村の林政史を知りたかったことにある。あわせて、川上村自体の維新前後をうかがうことも目的としていた。

官林払い戻し運動は次項にゆずるとして、村史のほんの一端を紹介したい。江戸幕府は、宿場の補充的役割を果たさせるために、宿駅近くの農民を動員する助郷《すけごう》という制度を設けていた。川上村のように厳しい自然環境下では、こうした動員命令は、村崩壊の危機さえ招く事態になったと記されている。この危機感は『夜明け前』でも同じく痛烈に述べられている。そして、耕地に適す平地が少ないなかで、村の存亡をかけて新田開発を行ってきたのである。

このような歴史をかいくぐって現在ある村の風景は、実にいとおしく、同時にたくましく感じられる。これだけでも、村史の読みがいがあった。そして、こうした村史をいただいてきたこの村にいま暮らすことに、誇りさえ抱く。

私は『夜明け前』において、眼光紙背に徹すことを求められ、思わず襟をただした。二五年ほど前に同じ想いをさせられた史書がある。それはA・J・トインビーの手になる世界史の名著にして大著の『歴史の研究』である。躍動性あるその歴史描写は、まさに活きた歴史の筆法といえよう。川上村史という地域史と世界史の双方を手にできたことを、私は多とすべきであろう。

私の知人が「環境屋は歴史屋である」と言った。私は私なりの史観を求めているのだろう。そして、歴史と地域から環境を見すえることを。

森《やま》にかけた男

私が『川上村史』を手にしたのは、現在における村の生活のよってきたる背景を知りたかったからである。そこには隠れた村の歴史があるはずだ。その隠れた歴史、とりわけ林業の村としての歴史に眼を向けたかった。さらには、林業に携わる者として、どのような林政史をもった現場で働いているのかも知ろうとした。

そして、官林払い戻し運動と、その中心人物である故・原頼幸《らいこう》氏を知った。頼幸氏の村を守ろうとする必死さの一念に、私は熱き感動を覚えずにはいられない。「よらしむべし、知らしむべからず」と言われ、お上への一切の抵抗が禁じられてきたなかで、「これでもか、これでもか」と言わんばかりの嘆願に次ぐ嘆願を行ってきた中心人物が、氏である。

もっとも、最近の百姓一揆の研究によれば、通説とは異なり、打ち首などはまれであったようだし、江戸幕府は善政を敷いていたとも言われている（たとえば、保坂智『百姓一揆とその作法』吉川弘文館、二〇〇二年）。木曽谷を直轄していた尾張藩の林政も、苛酷なものではなかったとも言われる。ともあれ、ここでは頼幸氏を中心にすえながら、官林払い戻し運動をとおして、当時の山村の苦悩の一端を再現したい。

この運動は、一八七三(明治六)年以来の嘆願に次ぐ嘆願の末、七八年にようやく勝ちとり、「一村総持」として地券状まで交付された、一三六五町歩の山林のうち一〇〇〇町歩もが、翌年の官林調査によって官林(現在の国有林)に編入されたことに端を発している。この一三六五町歩が縦軸としたならば、頼幸氏たちの嘆願運動が縦軸にクサビを打ち続ける横軸となっていく。

裏木曽三カ村は、山林を生活の支えにしてきた。山林の盛衰は、村民生活の盛衰を意味する。こうした運命共同体ともいえるなかで注目されるのは、三カ村の共同嘆願が挫折した以後も、川上村は単独にしぶとく嘆願運動を展開していることである。しかも、繰り返しだ。この背景には、他の村よりも森《やま》にかけざるを得ないという事情がある。

一三六五町歩が村有林になる前年の一八七七(明治一〇)年には村民会議が開かれ、二四カ条からなる「山林保護規則」が設けられた。その第九条は「伐木した場合は、適木の苗木を伐木の三倍以上植えよ」と定め、山林資源の永久化を規定している。また、第一三条では「水源涵養・砂防保安林の設立」を定め、山林経営の基本姿勢を明記した。

ところが、一〇〇〇町歩が官林に編入される際に非常な無理をしたため、境界は凹凸状を呈する。ふつうは谷や尾根をもって画されるから、こうはならない。この境界は村民の怨嗟《えんさ》の的になったようだ。運動は年とともにますます強固になっていき、巨費を投じて膨大な法的な根拠を示す書類が整えられていく。ときには上京までして、直訴している。

一八七六(明治九)年には、村のおもだった九軒によって「山願社」が設立された。ところが、八二年になって、山願社の四〇%を出金(負担)していた原家の財政が破綻状態に陥る。当時の頼幸氏はこう述べる。

「村に住める見込みがなくなり、知人のいる東京府下北豊島《きたとしま》郡で仮住まいである。村内有力者の負債も多額で、いずれも窮地に陥っている。罪ほろぼしに、彼らの債務も引き受けて、いさぎよく破産の覚悟をしよう」(要旨。なお、北豊島郡は現在の荒川区・板橋区・北区・豊島区・練馬区を指す)

この瀬戸際において、頼幸氏はあることから当時の岐阜県知事の知己を得る。すでに村の窮状を知っていた知事は、一村の滅亡を地方長官として黙視できないと、善処することを約束した。だが、あるできごとによって、この官林払い戻し運動はなすすべをすべて失ってしまう。数十回に及ぶ嘆願運動費用は膨大となり、「一村あげて困難の極に陥り、廃村に帰せんとす」と村史は伝えている。

そこで「木曽五木払い下げ嘆願」に切り替えるが、これもならず。そんな折、官林が御料林(皇室所有の森林)に編入されるのを機に、知事の機転と尽力によって一八八八(明治二一)年、五〇〇〇本の伐木が許可された。この代金(当時の額で、一万六〇〇〇〇円)が村の廃滅と個人の破産を救ったのである。とはいえ、一三六五町歩は約三七〇町歩に減ってしまった。不自然な境界は一九五一年に制定された「国有林野整備臨時措置法」によって部分的に是正されただけで、明治以来の国有林境界(官林払い戻し運動)問題は終了することになる。

この官林払い戻し運動をつうじて痛烈に心につまされたのは、森にすべてを託さざるを得ないような困窮にあえぐ山村生活、そしてそうした生活にさらなる拍車をかけようとする官に対する心の奥底からの煮えたぎるような憤怒である。当時こうしたできごとは、他の地域でもかなりあったようだ。『夜明け前』の山林事件では、藤村の父・正樹と兄・広助が奔走している。川上村における頼幸氏の執念を見ても、地方史から読みとれる個人の底力や偉大さを感得させられる。

頼幸氏が東京に仮住まいしたところは、私の東京の家に近かったかもしれない。ちょうど『夜明け前』の舞台・馬籠が、川上村から近いように。頼幸氏との出会いを思うにつけ、私の村入りとの間に縁を感じる。先述したように、私の実家はこの村の近くにあるが、私は実家が近いからこの村に来たのではない。たまたま実家に近かったのだ。頼幸氏との出会いに、人生にとってかけがえのない一期一会にも似た縁を見出す。

転章　森《やま》の現場からの思索

拡大造林と拝金主義

▲スギとヒノキへの全面転換

私たちはさまざまな自然破壊を目のあたりにしてきている。その典型のひとつは、私が日々接している拡大造林だ。拡大造林とは、広葉樹から針葉樹への林種転換を指す。すなわち、広葉樹を皆伐したところに針葉樹を一斉に植えるのだ。全国的にはスギ、木曽や東濃地方ではヒノキ、北日本一帯ではカラマツが多い。

画一化をもたらした拡大造林には、時代背景がある。一九五五年前後から、家庭の燃料が薪炭から石油・電気・ガスに急速に移り変わった。いわゆる燃料革命である。班長たちは、「当時、薪や炭がなくなるとは夢にも思わなかった」「炭焼人口はすごかった」と口をそろえる。だが、燃料革命を引金に広葉樹を主とした薪炭林の価格は急落した。逆に、時期をほぼ同じくして戦後復興と高度経済成長をバネにして、木材価格は急騰する。

燃料革命によって、薪炭林はまさに二束三文と化した。一ヘクタールの山の値うちを木に換算した場合、当時の価格で薪炭林の三〇〇円に対し材価は一万円にもなったのである。一万を前にした三〇〇はゼロに等しいのではないか。しかも、傾向として、薪炭林は一貫して逆風下にあり、材価はさらなる上昇基調にあった。これによって生み出された格差への対処が拡大造林である、と私はみる。

そこに、高度経済成長を背景とした「一億総拝金主義」という世相が加わる。拡大造林は、この拝金主義の山村版と言えるだろう。私はここに、拡大造林がもたらされた本質、言い換えれば日本人の自然観に迫る手がかりがあると考えている。

木曽や東濃地方では、一九五九年の伊勢湾台風の災害復興もあって木材は飛ぶように売れ、山仕事はいくらでもあったようだ。まさに材価のバブルである。そして、バブルなるがゆえに、木材の輸入自由化による外材攻勢で材価は低迷していく。

拡大造林のピークは一九六一年で、その面積は四二万へクタールにも及ぶ（『森林インストラクター入門』全国林業改良普及協会、一九九二年）。日本の森林面積（山間地域面積と同じ）は国土の約六七%、約二五〇〇万へクタールだ。その四〇%の一〇〇〇万へクタールが、人工林面積である。これは世界史上、例を見ない比率といわれている。

ゆきすぎた拡大造林は、植林に不適切な亜高山帯（一五〇〇～二五〇〇メートル）にまで行われた。そして、より大きな問題は、東濃地方だけでも一二〇〇〇種という里山の多様な植生を、ほぼスギとヒノキに転換してしまったことである。こうなると、生き物の多様性が持ち味である森林ではなくて、むしろ単一作物を栽培する畑といったほうがふさわしい。拡大造林は、林種転換のみならず、地目転換をももたらしたと言えるだろう。

村入り当初の私は「ほぉ、森林だらけやないか。すごいなあ」と感嘆したが、しだいに「森林もどきであっても、森林ではない」と思うようになった。なぜなら、鳥をあまり見かけないからだ。さらに、その見方は「森林もどきではなくて林だ」に変わり、ついには「人工林というヒノキの畑だ」に転換する。実際、第二次世界大戦中のイモ畑が、戦後ヒノキ林に転換されたのを散見する。

この流れは、森林(面)——林(線)——畑(点)という変遷と言えるだろう。この変化は、知的生産で味わった点——線——面とは逆の現象である。知的生産では知識の範囲が拡がったが、拡大造林ではその問題点が浮き彫りにされたのだ。

ゼニが仇の仕事

こうした拡大造林については、各方面から批判されてきた。その問題点は、この画一(単純林)化現象にある。その批判自体は正しいが、これまでは山村の論理(事情)を汲み取ろうとする姿勢が欠如し、都会の論理だけが横行してはいなかったか。とはいえ、私自身も村入りしてしばらくは、そうしたとらえ方しかできなかった。そこで考えさせられたのは、山村の事情を察しようとする姿勢に立たなければ、仮に都会人が歩みよろうとしても、村人との接点が見出し得ないということだ。

もし私が東京から川上村に来て三年でこの記録をまとめていたら、拡大造林について次のように書いていたにちがいない。

「国土保全や生物多様性に貴重な広葉樹を伐って、欲の皮で針葉樹に変えてしまった」

しかし、村に住んで六年が経ったいまは、こう考えている。

「当時の日本人は、一億総拝金主義のもとにいた。針葉樹への画一化は誤っていたが、山村の人たちだけがむかしと同じように、自然を残して、貧乏のままでいよ、と誰が言えるだろう」

これに類する意見が、九三年に行われた「森林交付税フォーラム」（林業を重要な産業とする市町村の首長が呼びかけて開いている講演会）でもあったという。

貧乏脱出願望は、一億総拝金主義と表裏一体だ。山村の人たちにせよ都会の人たちにせよ、「なぜ、やりたくもない仕事をするのか」と言えば、生活の糧を得るための金ほしさからであろう。こうした背景をもった仕事を、村の人たちは「ゼニが仇《かたき》の仕事」と言う。

この言葉を聞いたとき、私は何のことだかさっぱりわからなかった。

私がこの表現にはじめて接したのは、林業に就いた年の六月である。私の仲人である地質学の教授から、「林業の現場を見たいから案内してほしい」と頼まれた。だが、まだ案内するだけの力量はない。そこで、班長に案内を頼んだ。私は、班長がこうした専門家に会う機会はあまりないだろうから、視野を広げるチャンスということで快諾してくれると勝手に想像していた。ところが、苦言を呈されてしまう。

「ゼニが仇で、来たくもない山に来てるのに、休みの日にまで出て来いと言うとは。こんな、だばいた話があるもんか」

「だばいた」とは、東濃地方の方言で、「とんでもない」という意味だ。当時の私は、山仕事をしている人たちは私と同じように山が好きだ、と信じて疑わなかった。つまり、都会人が陥る錯覚から抜け出ておらず、「青さ丸出し」だったのである（結果的には案内していただいた）。

班長のこの心情を知ることは、山村と都会の相互理解にとって非常に重要だ。先に私は、「山村の人たちは」と書かずに、「山村の人たちにせよ都会の人たちにせよ」と書いた。それは、金ほしさという点では双方とも同じだからである。都会の一部自然愛好者が陥る錯覚は、ここにある気がする。彼らは、自分たちでさえ自然保護をしているのだから、自然をより身近にしている山村の人たちは自然を保護して当然だと勘違いしていないだろうか。

私も都会に暮らしていたからその気持ちはわかるし、山村と都会では自然観が異なるから、やむを得ない面もある。先述した「庭にはえた雑草を刈れ・刈れない」は、その典型例だ。とはいえ、自らの価値観だけを善とするのはよろしくないだろう。

拡大造林の弊害については、森《やま》にもっとも接している山村の人たちが、いまもっとも痛恨事だと感じているにちがいない。私は、ある村人がしみじみと慷慨《こうがい》された言葉を聞いて、身につまされた。

「国の政策と逆のことをしていれば、よかったなあ」

拡大造林を脱亜入欧にならって言えば、「脱広入針」だ。この針葉樹一辺倒への「木(樹)害」に対するおののきへの敏感さは、私のせまい見聞かもしれないが、女性(とくにお年寄り)のほうが鋭いようだ。彼女たちが言う。

「山が荒れてしもうた」

「山ぬけがあるのでは」

「金木《かなぎ》を伐ったバチがあたるのやないか」

山ぬけとは、山地や斜面が豪雨などによって崩落する現象を指す。また、金木は東濃地方の方言で「大切な木」を意味する。

日本人は森の民か

私は一五〇〇メートル付近の国有林帯で何度も作業したことがある。そこより上部にあるヒノキは、すべて天然木（原生林ではない。天然木とは人工木の対語で、ほぼ自然状態で生育しているか、その過程にある森林。原生林とは、私の知るところでは、過去に人手が一度も加わったことがなく、また重大な災害がなかった森林。したがって、日本には原生林はまずないと言える）だが、たいした木はない。ある程度の価値をもつ木は一本残らず伐られてしまっている。ところどころにある幹まわり数メートルという伐り株の跡が、それを如実に物語っている。

そんな巨木がせめて数カ所にでも群生していれば、どれほどすばらしい景観、すなわち観光資源をもたらしてくれるだろう。こう思うとき、その思いは言い知れぬ憤怒に変わる。班長たちも、口々に真情を吐露する。

「タダの木を伐って赤字などとは、だばいた話だ」（元手のかかっていない天然木を売って赤字経営になっているのは、話にならない）

「ダシにいくらかかろうと、そんな費用とは比べものにならない優良木だった」（ダシとは、伐木地から最寄りの林道まで材を出すこと）

「いい木はみんな伐ってしまった。とにかく、だばいとる」

これが現場の実態だ。こうした現場に接するうちに、私の脳裏にある疑問がフツフツとわいてきた。それは、「日本人は本当に森の民か」という懐疑である。

私は書籍をとおして何度も、「森の民・日本人」「日本は森の文化である」などの表現に出会った。しかし、現場からの学びがそれを否定する。もしそうだとしたならば、世界に例を見ないほどの拡大造林に走ってはいなかったのではないか。班長たちを、あれほどまでに憤怒の淵に立たせはしなかったのではないか。木材への異常な需要を背景とした伐採への大合唱という世論があったとしても、拡大造林の面積は二〜三割は減っていたのではないか。そして、私の懐疑論は「木の文化はあっても、森の文化はなかった」のではないかという命題にゆきつく。

拡大造林の流れをごく簡潔に描けば、騰《あ》がり過ぎ――伐り過ぎ――植え過ぎとなろう。この「過ぎ」という言葉を凝視するとき、徳川家康の遺訓を想起せざるを得ない。「及ばざるは過ぎたるより勝れり」。

最後に、「人工林化に抗した町」について記したい。その町は、宮崎県東諸県郡《ひがしもろかたぐん》綾《あや》町である。町面積の八割が森林で、原生の照葉樹林は一七〇〇ヘクタールと日本一を誇る（ただし、前述のように、原生林といえるかどうかには疑問が残る）。国策であった拡大造林を阻止したのは、当時の町長が営林署との対決を覚悟したからである。そして、農林大臣と直談判し、伐採計画の実質的な白紙を勝ち取った。

その後、綾町は有機農業のまちへと転身し、全国的な有機農業のモデル地区にまでなった。だが、現在は原子力発電関連の鉄塔建設で揺れているという。すぐれた歴史のあるところで、日本の「森の文化」が本物か否かが試されようとしているのではないだろうか（一五六ページ参照）。

枝打ちよりも間伐を

森林づくりとニューディール政策

最近、森林整備についての記事を新聞で目にする機会が多い。なかでも、私が注目したのは、次の三つだ(いずれも『朝日新聞』)。その見出しを記してみよう。

① 木村良樹和歌山県知事「地方活性化 山の森林保全で雇用創出」(二〇〇一年八月二一日)

② 社説「和歌山方式を広げよう」(〇二年二月二〇日)

③ 岩手・岐阜・三重・和歌山・高知各県知事「地球温暖化防止に貢献する森林県連合共同アピール」(〇二年六月八日)

なかでも、私は②の記事と、森林について論じているわけではないが、評論家・立花隆氏の「ニューディール政策のような未来に夢と希望を持たせる、未来投資型の事業を国家主導で起こす」(『朝日新聞』〇二年二月一〇日)という文章に出てくる「ニューディール政策」を目にして、なつかしさと、「まさかこれが出てこようとは」という想いで、おおげさだが小躍りしてしまうほどだった。

というのは、ニューディール政策の中心であるTVA（Tennessee Valley Authority＝テネシー河谷開発公社）について述べたD・E・リリエンソールの『TVA――民主主義は進展する』（岩波書店、一九四九年）を二五年前に半年かけて夢中になって読みふけったことを、まざまざと思い出したからである。しかも、この本の開発哲学が前述の記事の主旨と不可分であると認識したからである。TVAの哲学は、これからの日本の森林づくりの骨格形成に大きく寄与するにちがいない。

いま最大の環境問題のひとつは、地球温暖化であろう。日本の場合、温暖化の元凶である二酸化炭素（炭酸ガス）やメタンなどの温室効果ガスの排出量を九〇年比で六％削減することが、九七年に開かれた第三回国連気候変動枠組み条約締約国会議で採択された京都議定書で定められた。光合成をとおした森林による炭酸ガスの吸収・固定能力に注目して、その六五％にあたる三・九％を森林整備によって達成しようというのが、現在の国策である。また、災害の予防という面でも森林のもつ力は大きい。環境問題の解決に関連することの二つこそ、危機下にある林業界に与えられた好機と位置づけたい。

里山での間伐を

以上のことを前提に、一現場作業員の経験をふまえて間伐について論じたい。すでに述べたように、日本は世界に例がないほど人工林の比率が高い。そして、これまた世界に例がないほど間伐が遅れているのではないだろうか。

川上村でもっとも手入れ不足といわれる山で作業したことがあるが、まさに「お化け屋敷」だった。風倒木、雪害木、蔓など何でもありなのだ。懐中電灯がないと歩けないほどの国有林があるとも聞く。植林した木は三年後には下刈りしないと、竿《さお》ないしモヤシのように細くなってしまう。植えた木より早く生長する雑草や雑木を刈って取り除いてやらないと、光を十分に受けられず、高くは生長しても、太くならないからである。だから、この作業をしなければ雪の重さに耐えられず、曲がってしまう。これが雪害だ。

日本の場合、台風の被害が大きい。たとえば、伊勢湾台風時には風速四〇～五〇メートルもあったという。これだけの風が吹けば、間伐が遅れているこの村の木の半分近くは倒れるか、亀裂が入って使いものにならなくなるという。こうした将来への怖さは、山村の人ほど痛感している。ある村の人が、しみじみと述懐していた。

「こんなに悪くなるとは、思いもしなかった」

山荒れの状況はほとんどの森林組合員がわかっているが、間伐のやりがいがなく、手が出せないのが実状だ。それは、どの市町村にも言えることだろう。人工林面積の五〇%に及ぶ五〇〇万ヘクタールがこのような組合員の私有林なのだから、大きな問題である。

しかし、ここで救われる点が二つある。一つは、私有林は里山に多いから、林業にとってもっともつらい歩くことのキツさが少ないことだ。もう一つは、里山がある地域は林道も比較的よく整備されているから、伐木地から林道まで材を運びやすいことだ。川上村から車で一時間半ほど名古屋方面に行った瑞浪《みずなみ》市の里山(丘陵)地帯で作業したとき、それを実感した。等高線の密度がまるっきり違い、ハイキングのようなものなのだ。

そうした里山で間伐が実施されれば、公益機能と木材の生産性が高まるのは、いうまでもない。さらに、間伐が進んでいないと、林内が薄暗いために作業能率が低下し、ケガも発生しやすくなる。逆に間伐が進めば、この二つの弊害が除去されるだけでなく、楽しく仕事ができる。

▲間伐だけに集中

つぎに、間伐方法について提案したい。日本の森林面積の三六%にあたる九〇〇万ヘクタールが保安林である。その六七%が水源涵養保安林、二二%が土砂流出防備保安林だ。

この二つに眼をつけるのだ。

いま私たちが行っている間伐では、一〇〇本のうち二〇～二五本を伐木している。この割合は、ほぼ適正といえるようだ。そこで、基本的にはこの割合で水源涵養保安林と土砂流出防備保安林の間伐だけを実施する。「それでは従来と同じではないか」と思われるかもしれないが、ここで「だけ」に注目してほしい。

実は、いま行われているのは間伐・枝打ちであり、二つの作業を同時にこなしている。この場合、樹高のほぼ下半分の枝を切り落とす枝打ちは、単にチェーンソーで一本の木を伐り倒す間伐と比べて、三倍ぐらいの時間と費用がかかる。この分をそっくり間伐にまわせば、間伐面積が増えるわけだ。

では、枝打ちをゼロにした場合、どの程度の問題があるだろうか。枝打ちは、日が入って下生えが育ち、土壌浸食を抑制するという見地から行われている。だが、それは間伐でも達成される。また、あまりに混んでいるようなら、地相や風害を考慮しながら間伐率を上げれば、問題はほぼ解消されよう。すると、枝打ちは費用対効果を考えると、いかにも効率が悪いといえる。また、間伐せずに放置しておくと災害の原因になるが、枝打ちの場合はその問題があまり考えられない。

ただし、幼齢木の枝打ちは、無節《むぶし》材を得るという意味で、四メートルまでは行うべきだろう。というのは、四メートルまで（一玉目という）と四～八メートル（二玉目という）の材価を比べると、二玉目は一玉目の半値といわれるからだ。これも費用対効果からの見方である。

これを裏付けるように、亡くなった班長がときに言っていた。

「枝打ちは公共事業、すなわち失業対策だ。材価が低迷し、しかも材が出ていないいまやるべきことは、枝打ちではなくて間伐だ。そして、大径木を育てるべきだ。天然木は、むしろ打たないほうがいいくらいだ」

太い天然木は枝打ちしても無節にはならないし、枝打ちしたところから雑菌が入れば材がダメになってしまうからである。

実際に間伐するにあたっては、いくつかの配慮が求められる。まず、地相と風害への配慮である。そのためには、地形だけでなく、風や雪で倒れないように、風向や降雪を吟味しなければならない。たとえば、風が強くて雪が多ければ弱め（少なめ）に間伐し、風が弱くて雪が少なければ強め（多め）に間伐する。また、東西南北いずれの斜面かにも、気を配らなければならない。とはいえ、実際の作業では、地形への配慮だけに終始してしまいがちになるのだが……。

また、材木の生産性を高めるという見地から、間伐では太い木を先に伐る。速く太くなった木は、材としての値打ちが低いからだ。木目のつまった細い木を残して、太くしていくのである。これは、現状のモヤシのような林を大根のようなたくましい健全な林にする作業とも言えるだろう。

なお、スギやヒノキなどの針葉樹は日を貪欲に吸収するため、こうした樹種の単一林内は暗く、下生えが少ないから、木自体にもよくない。微生物も少ないから、木そのものが内包する分解作用すなわち自己施肥機能も発揮されにくい。このことからも、針広混合林の必要性が生じる。

冒頭で新聞記事にふれたが、間伐一点に集中する視座を一言で言えば、「環境保全、雇用、地域振興」に尽きる。そして、この三点はＴＶＡの開発哲学に直結すると、私は考える。

現在、中・高年の失業もさることながら、高校生の就職難は、日本の将来にとって由々しき問題といわれている。ここで想起されるのが、放置されている私有林だ。里山の作業環境は、素人にはまたとない場である。ここに高校生を送り込むという案は、まさにＴＶＡの日本版だ。チェーンソーや草刈機ではなく、ノコギリや鎌での作業ならば、彼らは十分こなせるにちがいない。この作業は、昨今とくに重視されている環境教育や情操教育にもなる。そして、あわよくば、やる気のある若者に後述する森林業の後継者になっていただく。私がＴＶＡに小躍りしたのは、こうした構想が背景にあったからだ。

植えすぎられたスギのとまどい

私のスギへの強烈な印象を一言で表せば、「もろい」ことである。林業に就いて二年が経ったころ、人工林のスギの樹高の半分までの枝を切る枝打ち作業があった。高さは二〇～二五メートルだったから、一〇～一三メートルまでの枝を切り落とすわけだ。途中までハシゴ、そこから上は枝を手がかり足がかりにして登る。そして、枝を切り落としながら、だんだん下ってくる。

ところが、登っていると肝心の枝が折れてしまうのである。とくに、足場にしている枝に力を入れたとき折れると、冷汗ものだ。もし落ちれば、死なないまでも大ケガはまぬがれない。しかも、ふだんは使わない筋肉や神経を使いながらの高所での作業だから、腕の付け根も足もおかしくなってしまう。このとき、スギはもろいという印象を強烈に植えつけられた。

そもそも、スギの枝はヒノキの枝に比べてみるからに弱そうで、枝自体が細い。さらに、根張りや幹ももろい。たとえば、スギにロープをかけてブルドーザーで引っ張ると、人工林は根こそぎ抜け、天然木は折れるそうだ。この人工林のスギのもろさが、災害を誘発する。

川上村から南へ車で一時間強走ったところに、矢作《やはぎ》川という川があり、その最上流部に上矢作《かみやはぎ》町（恵那郡）がある。東海地方は二〇〇〇年九月一一日から一二日にかけて、秋雨前線と台風一四号による豪雨に見舞われた。上矢作町はもともと雨が多く、山が肥えているために、スギの適地である。だが、マサ土（花崗岩が風化してできた砂質土）であるうえに、手入れ不足によって人工木は不健全林化しており、さらに伐ったまま林内に放置された木が大量に流れてしまった（ただし、二四時間で四二〇ミリの豪雨だったから、これだけの雨が降ればどこでも災害は起きたとしても不思議ではないという見方もある）。

九月三〇日、私はその現場を訪れた。山ぬけ、崖くずれ、破壊家屋、濁流にも驚いたが、何よりも目を見張ったのは矢作ダムに堆積した流木の膨大な量である。しかし、帰りに別の道を通って、さらにびっくりしたことがある。同じ地域なのに、そこを流れる名倉《なくら》川と明智《あけち》川はほぼ清流だったのだ。スギが多い矢作川上流に対して、こちらは広葉樹が多いという。

スギのもろさを、木の文化を貴んだ日本人が知らないはずがない。にもかかわらず、なぜ、人工林面積の半分にまでスギを植えてしまったのか。それは、植林適地が多かった以上に、多くの需要があったからだ。「日本の木の文化は割れる木によって支えられてきた」(遠山富太郎『杉のきた道』中央公論社、一九七六年)そうだが、スギの長所はまさにその「割れ」にあるといえよう。割れやすいためには材が上にまっすぐ伸びる必要があるが、スギという名称は「素直《すぐ》なる木」からきているといわれるほどだ。

当然それは、用材としての使いやすさを意味する。この長所を買いかぶられすぎて、植えすぎられてしまったのであろう。実際、スギという良材に恵まれすぎたことが、かえって日本林業の足を引っ張ったという見方もある。植えすぎられたがゆえに、もろさを露呈し、スギ自身がとまどっているのではないだろうか。

スギの根張りは一般にヒノキより浅く、ヒノキとの比は七対一〇といわれている。土壌要求度、すなわち肥沃な土地を選ぶ程度は、ヒノキより高い。したがって、高地より低地、沢筋を好む。スギの好水性を端的に表す言葉として、「尾根マツ、沢スギ、中ヒノキ」という植林の原則があるほどだ。湿地土壌はもともと軟弱であり、雨が降れば、さらに軟弱化する。

また、ヒノキに比べてスギの生長は速い。これは、都市側の戦後復興という緊急需要と、山村側の手っとり早い現金化という欲求を満たす(九四・九五ページ参照)。だが、落とし穴があった。生長が速いということは、木目が粗いため、幹がもろい材となるのだ。枝についてはすでに述べたとおりである。

　では、葉はどうだろうか。葉が光合成の源すなわち炭酸ガスの吸収源であり、木の生長の糧を生み出すことは、周知のとおりである。スギの葉量をヒノキと比較すると、一〇対七でスギが多い。なかには葉っぱだらけと言ってもいいほど葉量が多いスギもあり、ヒノキの四～五倍はあるように見える場合もある。だから、切られたスギの枝は両手で持たなければどかせないが、ヒノキは片手でOKだし、スギの上部(着葉部分)は重いから気持ちよく倒れもする。いずれにせよ、温暖化の抑制に直結する炭酸ガス吸収量は、スギがヒノキをしのぐ。

　こうした生長の速さ、すなわち吸収量の多さが、災害を招きやすくする。

　天候に問題がなければ、まだよい。根が支えきれないほど木が重くなって倒れる、自重倒れにだけ注意すればよいからだ(とはいえ、木が大きくなりすぎれば、平地でも倒れやすくなる)。ところが、当然ながら時に雨が降る。しかも、台風ならずとも、雨は風を伴う。そこで問題となるのが、葉の多さだ。葉に雨滴がつくと葉はさらに重くなり、一〇対七が一〇対五にはなるだろう。それゆえ、木の重心は上方に移る。その顕著な現象が雪害だ。実際、スギはヒノキの五倍も雪害にあいやすいといわれる。雨滴のついた葉に風が加わると、木のゆれが一層激しくなる。

加えて、もろい根、もろい土、もろい幹と三拍子がそろっている。これに、自重＋雨滴の重さ＋風だから、六拍子というわけだ。

ところが、この六拍子の上をいく地域があった。それは、植林地が一〇年ほど前の台風でほぼ全滅した九州北部である。このあたりは、一本の木からたくさんの枝を切り取って育てた苗を植える、挿し木植林が行われている。いわばクローン木のようなもので、すべてが同じ性質となり、もろさに拍車がかかったのである。

最近では、スギは花粉症の犯人にまでされている。だから、「災害・疾病誘発木」といったほうがよいのかもしれない。

木心を秘めるヒノキのやるせなさ

「ヒノキにあらずば、木にあらず」という実態を、まざまざと見せつけられた。というより、そのありさまに度肝を抜かれた、というべきか。とにかく、ヒノキの人工林以外はバサバサと伐り倒されていくのだ。やや大げさに言えば、腰を抜かしてしまい、ただボケッと見ているだけ、という腑《ふ》ぬけ状態だった。

これは、山仕事の開始日における私の率直な気持ちである。いかに私が林業に無知であったか、そしていかに都市側の見方だけに毒されていたか、をまざまざと物語るものでもある。

その日は、村有林での間伐と枝打ちの平行作業だ。私ははじめて手にする枝打ちノコギリで枝を切りながら、その伐倒の様子をチラッチラッと見ていた。多くの都会人の見方がそうであるように、当時の私も「天然木は善、人工木は悪」という単純な二者択一論に立っていた。

木曽谷と裏木曽三カ村では江戸時代、「ヒノキ一本、首一つ」と言われたそうだ。もっとすごいのは、「ヒノキの枝一本、首一つ」だ。ヒノキがこれほどまでに貴重の極みであったことの証である。安芸《あき》藩（現在の広島県）でも同様な厳しい掟があったという。『日本書紀』にも、ヒノキは神殿のような厳そかな建物を建てるのに使うようにという趣旨の記述があるし、現在でも、二〇年ごとに行われる伊勢神宮の式年遷宮祭《しきねんせんぐうさい》では御神木としての大役を担う。ヒノキとりわけ木曽ヒノキは、世界に誇る日本最高級の材との誉れに浴しているのである。

ほぼ半年が経ったころ、こう教えられた。

「安藤、こういう木を木心のいい木というのだ」

私はまじまじと凝視して見上げる。

「ほう、見惚《ほ》れるような木ですねえ」

木心のいい木と言っても、わかりづらいにちがいない。「気心のいい人」に通じると言えば、少しはイメージしていただけるだろうか。そのイメージを具体化すると、少なくとも五つの条件が求められる。まず、見上げて圧倒されるほどの樹高。つぎに、節がない（木の下部に枝がない）こと。そして、真っすぐ伸びていて、幹の上下の太さに差が少なく、真ん丸であること（通直・完満・真円）だ。

さらに言えば、周囲のヒノキに競り勝って、一木孤高を守って超然としていること。超然というからには、おのずとある年数を経ていることも求められよう。「この木は秀吉を知っているから、五〇〇年（豊臣秀吉の生誕は一五三六年）近く経っている」と聞かされた木があるが、少なくとも三〇〇年以上がその条件だろう。すると、木心のいい木の条件は七つにもなってしまう。

孤高については、こんな経験がある。長野県との境で作業中のことだ。

「ここに木心のいい木があるに」

「いや、そんなのはダメや。まわりにヒノキがないやないか」

これは、ヒノキ同士の競争（種内競争という）を経た木でなければ、木目が粗く、強度が落ちるからである。

こうした木心のいい木に、私は二回出会った。一度は作業に行く途中、もう一度はカモシカ猟の同行中である。前者の木は一カ月ほど毎日のように見上げ、何度も「こんなところを森林浴できるほどに道を整備したら」と思った。森林浴といえば、日本ではじめて行われたのは、木曽谷にある上松町《あげまつ》（長野県木曽郡）の赤沢自然休養林だ。ここには木曽ヒノキ美林の展示林がある。その核心部である奥千本を訪れたことがあるが、なぜか湧きたつものがなかった。それほど、作業途中で出会ったヒノキが私をホレボレさせたというべきだろう。

そして、川上村の村有林には天然のヒノキの優良材がまだまだあるという。人工林も他市町村に比べて二割は高い良材との評価を得ている。その根拠は植栽（植林）本数だ。他市町村は一ヘクタール三〇〇〇本（一坪一本）だが、この村は三五〇〇～四〇〇〇本の密植なのである。それで、ヒノキ同士の競争によって年輪の密な材になり、柱にした場合、磨くと艶が出る。裏木曽のヒノキは「東濃ヒノキ」のブランド名で出荷され、「木曽ヒノキ」とは区別されている。東濃ヒノキは細いから用材（柱）に、木曽ヒノキは太いから天井や敷居などの造作材《ぞうさくざい》に使われる。

では、このような輝かしい歴史と背景をもつヒノキの現状はどうだろうか。

現在のヒノキには、伐期を迎えたものが相当数ある。この伐期とは、「婚期」と言えばおよそ察せられよう。柱にするのにちょうどいい太さに生長し、伐木の適（齢）期になったことを指す。ところが、材質もよいのに、買い手がなかなか見つからない。これが国産材の不振、材価低迷の現実である。

きっとヒノキ本人だけでなく、育ての親である自然と所有者もヤキモキしているにちがいない。この空《うつ》ろな状況を、やるせなさの極みと言わずして、何と言おうか。

わが山の師を偲ぶの記

その電話が鳴り響いたのは、二〇〇一（平成一三）年一〇月一八日の早朝だった。時刻は五時半。電話の主は班長の実弟・武川昌氏《たけかわひさし》（その後、班長になって現在に至る）である。班長が午前二時半に亡くなったという。死因は膵臓《すいぞう》ガン、享年《きょうねん》七三歳だ。

「そんな、バカな！　これでは永久の別れではないか」

私は思わず、そう吐き捨てていた。班長が私の山仕事に与えてくれた数多くの尊い教訓が、さまざまな回想となって蘇る。しばし呆然の後、班長の家の方角に向かって、つぎの言葉を口にする。

「山内さん、幹太《みきた》の名にふさわしく、大地とともにある永遠《とわ》の眠りについてください」

とにかく今日は休もう、と固く心に決める。そして、美空ひばりの「悲しい酒」を口ずさみ、酒を飲みながら、一所懸命泣くことにした。班長は大のカラオケ好きだったし、いまは泣くことしか班長の恩に報いる術《すべ》はない。その偲びの酒が、私に無数のことを走馬灯のように去来させた。

班長との交わりは四年半と短かったが、中味は実に濃かった。ようやく、少しは意見を言える段階にきだしたのに……。いつの日にか、山づくりのことで激論を交わしたかったのに……。

私が見舞った折、病床で言われたことがある。

「安藤、ようやり続けたなあ。ここまでくれば、あとは場数さえ踏めばモノになるぞ。とにかく、ようこらえた」

その言葉をいただいた私は、当然ながらうれしい。しかし、それより心熱くしたのは、ろくでなしだったこの私に、「モノになるぞ」という安心感を抱いてくださったことだ。

私的な面でも、たくさんの厚い配慮を賜った。心の交流と言えよう。よくケガをした私をたびたび見舞っていただいたし、いま私が住む家を借りられたのも、班長の口ききがあってだ。交渉時にはすでに病が嵩《こう》じて仕事に出ていなかったのに、「仲人がいれば話がうまくいく」と言って同行してくださった。あばら骨にヒビが入って一カ月休んだとき、「夜中に目が覚めると、安藤のことばかり(気になって)」と言われたことも含めて、私はただただジーンとするばかりである。

そして、ときに核心をつく言葉を口にされた。たとえば、こうだ。

「俺たちが山をつくるのだ」

「道は文化のもと、山仕事のもとだ」

そんな言葉に、私は山男の心意気をみる思いがした。

山仕事するには高齢だったにもかかわらず、元気そのもの。よく私に「熱心こいて（力一杯）やれよ」言ったものだ。そして、仕事のできばえは川上村でも評判だった。二つのエピソードが忘れられない。

一つは、「娘さんよく聞けよ、山男にゃ惚れるなよ」という有名な「山男の歌」に出てくる山男のことを、山仕事をする男だと思いこんでいたことである。「山仕事は厳しいから、女に惚れるな」というのだ。私は、「その山男は山登りする男のことですよ」と五回も指摘したが、一向に認めようとしなかった。

もう一つは、私の森林の仕組みへの質問に対して、情《なさけ》を乞うような顔つきをしたことだ。

「聞いてくれるな、頼むに。俺は何も知らないから」

私は「あの気丈な班長が」とオヤッと思ったほどだ。もちろん、実際には、ほぼいつも的確な答えをいただいていた。

私の森林組合への就職は、村入りする前年の一一月に決まっていた。ところが、その後に、私のことで班長と組合長との間で押し問答があったようだ。私を仕込むように頼まれた班長が断ったからである。いまから思えば、それも無理はない。班長は言ったそうだ。

「東京のヤツなんか使いモノにならんし、ケガでもされたら大変や」

それにひるまず、さんざん頼む組合長を前にして、班長は最後にこう読んで引き受けたという。

「東京くんだりからくるヤツに、このキツい仕事がつとまるはずがない。せいぜい一〇日もすれば、シッポを巻いて逃げていくやろう」

ところが、班長のアテはみごとにはずれたのである。

それにしても、私は実によく叱られた。というよりも、どなりつけられたと言うべきか。しかし、烈火のごとくどなられるうちに、私の行末まで案じてくださる人間的な温かみを感じとった。それに、過去のことにじめじめとこだわらない人柄なのだ。

「安藤は俺たちの知らないことをよく知っているのに、一番苦手なことをしとるからな」

私は、班長の「なんとか一人前になってほしい」という私情のない真心に打たれていく。班長自身、川上村へ来る前に木曽で仕事をしていたころ、私の一〇倍は叱られたそうだ。そんな体験からか、叱るほうが三倍つらいとも言われた。

「それにしても、俺のような気短が、よう辛抱した」

まったく、そのとおりだ。私も耐えたが、班長は本当によく耐えてくださった、とつくづく感じずにはいられない。

そんな叱咤のうちの最たるものは、境刈りでの体験である。境刈りとは、森の番地ともいえる林班（尾根や谷などによって区分され、さらに細分化されたものは小班という）の境に生えている灌木などを草刈機で刈って、境界をわかりやすくし、測量しやすくする作業だ。私はその境界を見間違えてしまった。境は林相が違うから、ある程度はわかるが、やはり慣れないと見分けにくい。

私は林相と地図とを見比べて、かなり慎重を期したものの、ダメだった。雪がない時期ならば、ところどころにある杭が目印となる。しかし、そのときは膝まで埋まる雪だった。二〇〇〇年の三月上旬、林業について満三年直前のことだ。

私と班長は尾根の小突起をめざして、班長が右側から、私が左側から、刈りながら登った。そして、小突起で出会い、班長と私は、私の刈ったところを出発点へ戻る。その途中で、私の見間違えが発覚する。一呼吸おいて班長は真剣になり、烈火のごとくどなった。

「おんし（お前）のようなヤツはクビだ」

私は震え上がった。同時に、その剣幕を我慢しつつ、叱咤激励に心のなかで合掌するばかりだった。

このとき、私は二つのことを学んだ。一つは地図よりも現場を優先すること。もう一つは、一人でやるがゆえに力がついていくこと。ふだんなら班長がそばにいて、私の間違いを指摘してくれる。しかし、このときは単独作業だったから、自分で何とかしなければならなかったのである。

後になって、ある人から「境刈りはむずかしい」と聞き、正直なところホッとした。その二年後、やはり三月上旬に行った境刈りは、なんとか間違わずにできた。私は心のなかで、それこそ叫んだ。

「山内さん、境刈り、できたに」

永久の別れから二年が経ったいま、死して蘇る班長への偲びに浸るときがある。そして、目頭を熱くするだけではない自分を見出す。そのたびに、わが山の師への恩を大とし多としなければならない、という心がよぎってやまない。

〔付記〕本項は、班長のご子息・盛幸《もりゆき》氏に点検の労をとっていただいた。ここに記して深謝しなければならない。

新班長のさまざまな顔

数々の名言

林業に就いて間もないころ、山仕事のある先輩から言われた。

「武川さんは好奇心が旺盛な人ですよ」

それが頭にあったから、私は新しい班長・武川昌氏の言動を注視していた。すると、好奇心という言葉が当たっているかどうかわからないが、実に言い得て妙と言うべき表現をいくつも披露された。いくつか紹介したい。

その一。仕事は段取り、鶏は雌鶏《めんどり》。

その心はこうだ。雌鶏は卵を産むし、肉がうまい。逆に、雄鶏は卵を産まず、肉は固い。雌鶏の肉がうまいように、うまい仕事は段取りにある、ということだ。

その二。ヤギは貧乏人の友だち。

エサは雑草で十分だから、エサ代はタダ。乳は脂肪が多くてうまいうえに、一日に三・

六リットルも出す。

その三。朝ボシ、梅ボシ、夜ボシ。

百姓は、朝は星がまだ見える暗いうちから、夜は星が見えるようになる暗いうちまで仕事をせざるを得ない。昼飯は日の丸弁当だ。

その四。素人と山の犬ほど怖いものはない。

この言葉は、私はそれこそ耳にタコができるほど聞きもし、言われもした。山の犬とはオオカミで、素人とは私である。ヒノキとスギの見分けもままならず、草刈機やチェーンソーを見たことがないド素人はどうしようもない、ということだ。

▲「極道」と言われた私

それにしても、素人ゆえにだが、新班長には以前、何度「辞めろ」と言われたことか。

「最初から、鉛筆より重い物を持ったことのない者には無理だと言ってきた」

「安藤とは仕事の呼吸が合わない」

「安藤はゼロからの出発ではなくて、マイナスからの出発や」

私は返す言葉がない。最初のころと比べて自分の腕を自己評価すれば、雲泥の差と思うが、とにかく林業の奥は深いというべきか。

三年目に笹刈りと地ごしらえの作業をしたとき、私はなかなか刈る量がこなせなかった。草刈機の調子が悪かったためもある。だが、やはり主因は私の体力、技能、知恵不足と、的はずれの行動だ。新米にありがちな丁寧すぎるということもあろう。そんな私の低能率作業を見ていた新班長を、怒らせてしまった。そして一週間後、私が機械に不慣れなせいで二台目の草刈機がダメになる。私は本当にしょげてしまった。

さらに、新班長との間で決して忘れることのできない、また忘れてはいけない一件が起きた。新班長に言われたのである。

「こんな極道は見たことがない。もう安藤との仕事はヤメだ」

新班長の人柄が大らかなことは、自他ともに認めるところだ。事実、私はその大らかさにたびたび救われた。にもかかわらず、このような言葉を吐かせてしまったのだ。私はうなだれるばかりであった。

それは、亡くなった班長が間伐したところを、当時は私と同じく班員であった新班長と私が枝打ちしていたときのことだ。私たちは等高線に沿って左右に分かれて作業していた。私が左側に向かって作業し、その高さが終わると、一段上がって今度は右へ向かう。つまり、二人はいったん出会うと、一段上がって、また作業を続けるわけだ。ところが、私は何段も上のほうへ行ってしまった。新班長は当然、私が自分のほうへ向かってくると思い、作業の段取りを考えながら待っていたのに、私は現れなかったのである。

ヒノキへの深い信頼

新班長の特技の一つに箸《はし》削りがある。以前に曲げ師だったこともあり、他の人とは一味も二味も違うのだ。曲げ師とは、材を割り、割った材を木目に沿って薄く剥《は》ぎ、剥いだ材を曲げて、弁当箱や蒸籠《せいろ》をつくることを業とする人のことをいう。箸の材は、木目の細かいヒノキの天然木だ。一級品でなければ、うまく割れないし、削れない。そのヒノキは、国有林で数十年前に伐木されたものである。

国有林で笹を刈って地ごしらえしていると、放置された二抱えほどのヒノキに出くわすことがある。そんなときの新班長は、私からみれば犬と化したようなものだ。早速ナタで削り、真剣そのものになって、鼻をヒクヒクさせて匂いを嗅《か》ぐ。サワラ（椹）やアスヒ（明日桧、アスナロ）の場合もあり得るから、まず匂いでヒノキであることを確認してから、箸の材となる上物かを品定めする。合格ならば、その場で適当に割る。この際も、曲げ師の知恵と技が活かされる。

新班長には、ヒノキに対する絶大な信頼と自信がある。あるとき先輩に言われた。

「武川さんにヒノキをけなすと、叱られるぞ」

ヒノキには細菌やカビや虫などをよせつけない成分があり、抗ガン剤として申し分ないと、新班長は信じ切っている。私は「ヒノキの箸を食べて、ガンに克つ」というキャッチ・フレーズを思いついた。一日三食ヒノキの箸を使えば、何十回となく口にその箸を入れることになるから、ヒノキのエキスが食べものとともに摂り込まれ、抗ガン機能を高めるという理屈だ。

ヒノキは強い木でもある。伐木後二〇〇〜三〇〇年間は強度を増していく。その後だんだん弱くなるが、約一〇〇〇年で伐木時の強さに戻り、それ以降も強さを維持するそうだ。その証明が世界遺産に指定されている法隆寺だ。一四〇〇年ほど前の六〇七年の創建と伝えられ、現存する世界最古の木造建築物であると同時に、それはヒノキの雄姿そのものだということを見逃してはならない。

ところが、こうした逸材であるヒノキの墓場ともいうべき光景を私たちは目のあたりにした。時は〇一年の晩秋、場所は岐阜県と長野県の県境にそびえる御岳《おんたけ》山西麓にある、本州の国有林では最大規模を誇る王滝《おうたき》国有林だ。笹の海と化した墓場を見て、新班長は嘆きとともに吐き捨てた。

「もうムチャクチャの伐りようだ。どうなっとるのや」

ある意味ではみごとと言ってもいいほどに、伐りまくられている。しかも、幹回り数メートルという巨木がである。

こうした国有林に何十回と接している新班長をここまで嘆かせる光景を想像してほしい。そして、同じ感慨に浸った人がいた。六五年八月末、場所も同じ王滝国有林の鞍掛《くらかけ》峠。その人とは、現場を重視したユニークな森林生態学者・四手井《しでい》綱英《つなひで》氏(京都大学名誉教授)だ。私は、一作業者と一学者の悲憤が一致したことをないがしろにできない。

この悲憤と無関係でないだろうが、新班長はときに口にした。

「安藤、アカぬけした仕事をやれよ」

一般に、仕事のできばえには、性格や仕事への姿勢が表れる。山仕事も同じだ。ある一定期間の仕事が終わった後に現場を見ると、丁寧か無造作かがよくわかる。

私はこの言葉に、仕事に対して洗練さを求める姿をみた。そして、その姿は私に、新班長の身体に埋まっている知恵と技を掘り起こし、私の身体に移し植えたいと、切望させる。

さらに、新班長は、森林業の骨子のひとつに発展した水木法のもとになる水木を教えてくださり、本書をまとめるに際しても格別の配慮をいただいた人でもある。

カモシカとの共存の道を探りたい

正直なところ、この項の書き出しには困ってしまった。考えてみれば、それは、カモシカは私たち人間の仲間だというところに起因する。同じ哺乳類として、多少の情が移ったのだろうか。

しばらく前から、その仲間が窮地に追いやられている。一面はエサ不足、もう一面はカモシカ猟だ。カモシカは弱い立場にいる。私にも少しは義侠心があるのかもしれない。

山村にとって目の前にあるカモシカ問題とは、もちろんヒノキの食害である。あるとき雑談のなかで、新班長が言った。

「日本全国で、きっと何十億円もの被害だ。その防止策を発明すればノーベル賞もんや」

そこには、たぶんに新班長の誇張が混じっていると思われる。とはいえ、そうも言いたくなるほど被害が甚大ということだろう。とりわけ被害が多いのが、ここ岐阜県、隣の長野県、そして青森県だ(もっとも、シカの食害はカモシカの比ではない)。彼はなかば本気で、こうも言った。

「安藤、林業なんかやっとるより、カモシカ防止策の発明に精を出したほうが賢いぞ」

カモシカ問題は同時に、生物多様性という点で、人間と生き物との共存、さらには、これまでのゆきすぎた人間中心主義への懐疑論にまで発展するし、発展させなければならない。それをふまえたうえで、まず、山村の人びとを悩ます食害について記そう。

カモシカは、人工のヒノキの苗しか食べない。なかでも、梢《こずえ》にある生長点を集中的に食べる。生長点は木の生命であり、ここが食べられるとまともな生長を望めなくなる。天然木しかないところを除けば、天然木の稚樹は食べない。人工の稚樹は苗畑で肥料を与えられて育つために、柔らかいからだろう。また、広葉樹があってもヒノキの苗から食べる。そして、植林後五年ぐらいまで食べられる。五年生の苗木を植えても、食べられてしまう。たちの悪いことに、枝打ちした葉は食べない。したがって、ごくまだらに残っているヒノキは九死に一生ものといわれている。

こうした食行動のかずかずのはっきりした理由は、カモシカに聞いてみないとわからないというのが実情のようだ。それにしても、人間とは反対に天然物より人工(養殖)物を好むのは、腑《ふ》におちない気もする。

すさまじいのは、植えるそばから食べる場合さえあることだ。鍬《くわ》を投げれば十分あたる二〜三メートルにまで近づいてくる。他のデータにもよると、カモシカは人見知りしないようだ。その食害はみごとと言ってもいいほど、せっかく植えた苗木が一本残らずやられてしまったところが、何カ所もある。

始末が悪いのは、下刈りすれば食害にあい、しなければ広葉樹に負けてしまうことだ。すなわち、ヒノキが日を受けやすくするために雑草や雑木を刈れば、カモシカにとってはヒノキがよく目につくから食べやすくなる。かといって刈らなければ、ヒノキより広葉樹のほうが生長が速いため、広葉樹の陰になって光合成できなくなり、枯れてしまう。

さすがの班長たちも以前、木曽で山仕事をしていたとき、林業会社の社長にグチをこぼしたそうだ。

「カモシカにやられてしまうから、植えがいがない。たるい（やるせない）し、ヒノキが惨《むご》い」

すると、こう一喝されたという。

「何を言っとるか！　カモシカが苗を食べてくれるお陰で、仕事があるやないか。カモシカの悪口を言うなんて、だばいとる」

カモシカが苗を食べてしまうと、再び植林をやり直す場合がある。つまり新たな仕事にありつけるのだから、カモシカの悪口を言うな、というわけだ。再植林（補植）するために、私も何度か地ごしらえし直した経験がある。

一説には、カモシカ増の原因は天敵であるオオカミの絶滅だという。そして、班長たち林業関係者は、食害増はカモシカ増としか考えられないから、食害を減らすにはカモシカを殺すしかないという。一方で、逆の見方をする人もいる。川上村の猟友会の人たちに頼んで、カモシカ猟に同行させていただいたとき、一人が「カモシカの頭数はむしろ減っている。頭数増は被害増による錯覚だ」と言ったのだ。とかく人間は被害を過大視しがちだから、これには一理あると思われるが、真相はヤブの中である。

その人は最後に、「悪いのは人間だ、カモシカではない」とも言った。自分なりにカモシカ問題に心をいためてきた私は、この言葉にカモシカとの共存への光を見る思いがした。

焦眉の急といわれる地球温暖化を解決する一つの道は、人権を保持しながら、そこに動植物権をも取り込むという複眼指向にあると、私は強く思っている。現在の劣化した自然という家屋は人間中心主義だけでは持ちこたえられないという意識は、着実に共有されつつある。そして、カモシカやブナなどの動植物、さらには空気や土などの無生物との共存を念頭において、針広混合林を育成していくことが、これからの森林づくりの要となる。

それにしてもカモシカは、なんと人なつっこくて、いい顔立ちをしていることよ。ときに林業現場に現れて、私たち作業者の目と心になごみを恵んでくれる。共にある存在として、森林づくりをとおして共存の道を探っていきたい。

後進によせるわが想い

まずは体力づくり

本格的な山登り経験者ならば、縦走のつらさはよくわかるだろう。縦走ほどではないが、たしかに山仕事はキツい。その大きな理由は坂道の直登にある。だから、これから林業人をめざす都会育ちの人びとは、「一に体力、二に体力」のつもりで、まずは体力づくりに励むべきであろう。

私が林業に就いたのは五二歳だったから、年齢的にはすべりこみセーフと言えよう。それに、多少の山登りの経験があっから、歩く要領は身についていた。ただし、山登りと山仕事の歩き方は、勝手が違う。前者は登りも下りも足を平らにおくが、後者は登りはつま先、下りはかかとに力を入れる。だから、山登りのクセがむしろ災いした場合もあった。

体力があれば、歩き方のコツは自然とだんだんつかめる。体力とりわけ脚力をつけて、歩くことで作業上の足手まといにならないよう、十二分に心してほしい。そのためには、出勤前の体操の励行をお勧めしたい。

体力づくりについては、私は見通しを誤った。というのは、林業技術もさることながら森林の勉強もしたかったので、一般の人びとに森林や林業に関する知識の提供や森林の案内などをする森林インストラクター(指導員)の資格獲得を一年目からめざしたのだ。当時の私は、現場の技能だけでは森林環境科学の学習がおぼつかないと判断していた。昼の林業と夜の勉強という二本立ての生活は充実していたが、体力づくりという面では裏目に出てしまう。いまから振り返ると、一年目は林業に集中すべきだった、と大いに悔やんでいる。

一方、百姓経験があれば申し分ない。山仕事の道具はほぼすべて、握って使う。農作業には鍬を握ることがつきものだから、その経験があれば指が慣れているが、都会育ちの人間のほとんどはこうした作業をやっていない。私も未経験だったから、いわゆる「バネ指」になったようなものだ。一日中指を握って道具を使っていると、翌朝に指を伸ばすと薬指だけが伸びず、曲がったままなのである。力を入れて無理に伸ばそうとすると、バネのように弾ける。なぜ薬指だけにこの症状が出るのかは不明だ。

このバネ指で林業を辞める人がけっこういるらしい。しかし、日常生活に支障はないのだから、このことでせっかく始めた林業をあきらめるのは惜しい。もっとも、根っからの田舎育ちである班長たちでさえ、林業を長く続けていると、身体のどこかがおかしくなるという。

二年目からは森林インストラクターの資格を

ただし、二年目以降は、四〜五年かけるつもりで森林インストラクターの資格を取られることをお勧めしたい。少なくとも、「森林」「林業」の主要二科目は獲得したい。もちろん、草刈機一つ使えないようでは話にならない。それを十分わかったうえで強調するのだが、林業技術は森林づくりの点である。現在の私たちは、面としての森林を重視すべき立場にいる。そのためには体験上、この二科目の知識が必要である。これからの林業人は知的作業者でありたい。

私の経験では、二年目は独学し、三年目は「森林インストラクター養成講習」を受けるとよい。「森林インストラクター資格試験　問題選集・解答例」(全国森林インストラクター会)によれば、合格率が一五%アップするからである。この試験は、一般にむずかしいといわれている。たとえば「『持続可能な森林経営』という言葉について、あなたが知っていることを三〇〇字以内にまとめて記述してください」というように、記述式の設問が全体の八割程度を占めているからである。

三年目に、先の二科目に合格し、四年目に残りの二科目(「森林内の野外活動」「安全及び教育」)を制すれば、資格獲得である。ただし、留意してほしいのは、資格を獲得したからといって、すぐに教えられるものではない、ということだ。

私自身の受験生活は、一年目に林業、三年目に森林に合格した段階で終わった。三回の受験で止めたのは、林業作業によって指がおかしくなり、字が早く書けなくなったからだ。だから、いわば「準森林インストラクター」である。

後継者を増やすために

林業が激務の割に待遇がよくないのは事実である。世の中、大切な仕事ほど恵まれないのではないか。NPO(非営利組織)の場合も、常勤で無給者が三〇%もいるという(『朝日新聞』二〇〇三年四月三日)。それでも、林業をやろうとするには、やりがいがなければならない。私の場合は、地球温暖化を防ぎ、国土を保全する森林の重要性に着眼した。一種のボランティア精神で、待遇の悪さを埋め合わせたのである。

有名な経営コンサルタントの船井幸雄《ふないゆきお》氏は、「いまの時代は、金のため、自分のためだけではダメだ。自分以外の何かに命をかけられるかどうかが大切だ」と言う。さらに、最近の学生は仕事にやりがいと楽しさを重視する傾向がある、と言う人も多い。この二点は、森林・林業関係の仕事に就くことを側面的に支えているのではないか。

そこで、林業就業者の動向を現場に即して概観してみよう。

二〇〇〇年に行われた岐阜県の「新規就労者研修」では、受講者四四名の平均年齢は三〇歳だった。九九～〇一年の岐阜県下における新規就業者は二〇九人で、一年後の離職者はわずか一人である(岐阜県林業労働力支援センターの調査)。また、全国の新規学卒就業者数は六五年の九三五人から九四年には二一一人に減ったが、九九年以降の転職者を含めた新規就業者は二〇〇〇人を上回っている。これは、不況に加えて価値観の変化の表れと指摘されている(大浦由美「森林・林業・山村の現状とこれからの森づくり」二〇〇二年)。

ここで問題なのは、いつまで続くかである。若者は仕事がキツいと言ってすぐ辞めるから募集しない、という森林組合もいくつかある。実際、一部では試用期間が設定されるようになっている。私の経験では、都会出身者は最低三～五年は続けないとモノにならないだろう。また、ある離職者は、「今後の募集のカギは金よりも安全にある」と言う。彼自身、ケガが心配で辞めたそうだ。

農学の世界ではよく「農学栄えて、農業滅ぶ」と言われるが、林業界も「林学(政)栄えて、林業滅ぶ」状況下にあることを直視しなければならない。このままでは、大切にして貴重な伝統ある林業技能が継承されなくなってしまう。

この対策としての一つの案は、田舎の若者に後継者になってもらうことだが、現状ではかなりむずかしい。田舎に若者がいないわけではない。役場、農協、土木現場には、ある程度いる。だが、旧班長によれば、土木現場の場合は仕事が比較的マニュアル化されているので学校での勉強が役立ちやすいし、ほぼ機械化されているからだという。機械操作なら若者は得意だし、格好もいいし、なにより身体が楽である。

そこで大切になってくるのが、先のやりがいを重視する学生たちや都会人に後継者になってもらいやすくする環境づくりだ。私自身もそうだし、私の周囲にいる若い林業人には都会出身者が少なくない。都会人の緑志向がその大きな理由だろう。緑が少ない環境下に過ごす彼らは、動物的本能で緑に飢え、緑への回帰を心の奥底から希求しているのだ。事実、新聞の投書欄を見ると、若者たちの環境重視の姿勢が読みとれる。これからの林業人は都会人が多数派となるのではないか。

だが、彼らの大半は鍬さえ握ったことがない、百姓知らずにちがいない。だから、手取り足取りで教えなければならない。むかしながらの「技を盗め」では通用しないのではないか。ある人が、「いまの林業人は、都会人が納得できるような説明ができない」と言った。こうした面を改善していかなければならない。

満五年の達成感と作業指向

至福の時

その日は快晴だった。初仕事の日もそうだった。

その日とは、林業に携わって満五年を迎えた〇一年三月三〇日である。

満一年の忌まわしい大変調とは打って替わって、無事に仕事を終えた私に、美酒が手をさしのべる。

雌伏の時を経て、いま至福の時にある。われながら、心身ともによくもったものだ。一方で、いつまでも新米ではないぞという五年間の重みが迫りくることをも実感する。

こうした達成感と重みに想いをめぐらしながら口にする酒は、至上の味といえよう。

「よう辛抱したな。これまで新しく林業に就いた者はみんな辞めてしまったのに」

そんな言葉を何人かからいただいた。なかでも、現場の実態を熟知している杣人《そま》（きこり）から言われたときは、本当に心が洗われた。

「ああ、踏んばってよかった」

逆に、「あれは能なしだから、まだ林業をやっている」という見方をする人もいる。ある人に言わせれば、むしろそういう見方をしている人のほうが多いそうだ。これに対しては、励まされもした。

「そんなことはない。ようやっとると見ているはずだから、自信をもってくださいよ。見る人は見とるから」

満三年を迎えたときは、「夢のよう」という感慨に浸ったものだ。旧班長からは「このキツい仕事をよう辛抱した。大したもんや」と言われ、満三年は一つの節目かとの想いがよぎった。一年目はとにかく必死(点)。二年目はまわりが少し見える(線)。三年目はおちつきがでてきて、多少の工夫をするようになる(面)。こうして点―線―面と山仕事への理解が深まるにつれて、森そのものの把握も促された。

私が林業に就いたころは、ある意味で過渡期だった。それまでは広葉樹はすべて伐っていたが、将来に材となるようなヤマザクラ(山桜)やクリ(栗)は残すようになったのだ。こうした配慮の芽生えの効果があったのか、部分的にせよ、現場では自然がいっぱいと感じるところがある。そうした環境にいると、自然保護という言葉が絵空事のように思えてくる。

発見の日々

ところが、五年間の疲れか、気持ちのたるみか、あるいは堕落なのか。とにかく気合いが入らなくなった。そんな折、山登りの先輩から夏の信州への旅に誘われる。気分転換のつもりで出かけたが、帰村してもダラダラ生活が続いた。仕事には出るが、帰宅後の記録づけができない。

そこで思った。一つの壁を乗り越える時期なのかと。かねてから私は、初めの五年間を第一期としていた。いまから回想すると、つぎの悩みが災いしていたのかもしれない。

点から面への深まりは、作業のやり方にも森の見方にも通じる。ところが、作業の全体像の把握ができないのだ。私は環境問題に関心があるから、全体像の把握は得意だと思っていたが、できない。この苦悩と不可解に、夏ごろからかなり沈みこんだ。そのころ新班長に言われた。

「四方八方へ眼を配れ。伐るほうはもういいから、仕事の進め方を勉強せよ」

やはり、全体像を把握しろというわけだ。

そして、全体像を意識したとき、班長たちは口にしないが、山仕事は知的労働であるとつくづく感じた。とりわけ、これからのあるべき森林づくりにはどのような施業(作業)方法が大切かを考えるとき、そう思ったものだ。また、現場での労働に加えて森林の知識が求められる、体力と知力の世界であるとも感じた。だから、めざすは、知的労働者ということになる。森林を見すえ、林業とはどういうものかを追求する問題意識が、心の底でうごめいた。自然と森林の仕組みを知りたかったように、杣人の知恵と技能をとにかく知りたかった。

こうした知的欲求と不慣れだった草刈機などの習熟をとおして、仕事が見えてきたのである。そして、五年目の秋も深まったころから発想が深化し、仕事がおもしろくなる。そうなると「発見の日々」だ。だんだんに見えてくる森林がある。活きている森林を見る眼がたしかなものとなる。林業と森林を一つのものにする道も見え出してきた。同時に、これからが本当の学びになるであろうとの自戒の念もよぎる。

不思議なことに、仕事以外にもさまざまな動きが出てきた。久しぶりに、ネパールへの技術協力の会合にも出席した。「何かが動いとる、人生が動きよる」と感じたものだ。

ここまで続けられた背景には、自然に抱《いだ》かれたいという強い想いがあった。そして、森林という空間に心のやすらぎを心底から感じられたのも幸いしたのだろう。それは、森林への感性、そして心性といえばいいだろうか。このような感情につつまれた私は、林業と森林を一つのものにすることが終《つい》の仕事と行動であると心した。

現場主義から作業指向へ

『現場主義の知的生産法』(筑摩書房、二〇〇二年)を著した関満博《せきみつひろ》氏は、「二一世紀は現場主義者の時代になるのではないか」と述べている。私も同感だ。実証性が求められる時代になる、と。だから、いままでの知見を土台にして、さらなる知見を構築するために、さらなる現場主義を願っている。

ところが、あるとき、ふとひらめいた。現場主義(指向)をもう一歩進めて、作業主義(指向)でいったほうが、より現場に即した哲学が見出せるのではないか、と。前者を問題とすれば、後者は問題点といえる。すなわち作業指向とは、現場への接近法において現場指向より一層、自然に対する礼儀作法にのっとった姿勢を指すのである。

このひらめきは、ある面で生の喜びの発見であり、生とは何かという哲学的課題をも命じてきた。私はその課題の答えを求めるべく林業作業にいそしみ、机に向かってきたのだろうか。これらの発見は、私の独断かもしれない。だが、両者には底流していたものがある。

野外調査に二法がある。粗放調査(Extensive Survey)と集約調査(Intensive Survey)だ。どちらも現場に身をおくことには変わりないが、本質というか現場の核心に迫る姿勢には違いがある。

粗放調査は、広域調査に向くという利点がある。だから、その意義は認めるが、浅さを感じないわけにはいかない。本質に肉迫し、えぐり出すという点では弱い。一方、集約調査は、より核心に近づく指向(主義)であり、現場へ肉迫できる。換言すれば、前者はなでる調査、後者は喰い込む調査と言えよう。したがって、粗放調査者は間接現場主義者ないし現場観察者、集約調査者は直接現場主義者ないし現場作業者となるだろう。また、こう言ってもよい。前者は頭で考え、後者は身体で考えると。

このように私が考えたのは、ノンフィクション作家などによる林業現場を描いた本を何冊か手にした結果である。やむを得ないのだろうが、その記述は現場の傍観者的なのだ。汗の臭いがしないのである。ところが、彼らは現場主義者と評されている。現場作業者が灯台もと暗しの弱点があるのに対して、傍観者であるがゆえの岡目八目《おかめはちもく》の利点はあろうが、そこにはおのずと限界があるはずだ。

それでも、現場の観察だけならば、まだなんとかなるかもしれない。しかし、作業者への聞き取りの場合は、どこまで踏み込めるだろうか。作業者が胸の内を開くには、それなりの時間が必要だ。仮に一カ月張り付いたとしても、なかなかむずかしいだろう。

この疑問が、私を現場主義から作業指向に転換させた。そこには、自然をどこまで見すえる感性があるか、自然とどこまで仲よしになれるか、という意識もあった。私が林業作業にいそしんだのは、潜在下にそうした意識がはたらいていたからにちがいない。そして、作業指向にこそ森林と森林づくりの本質が見出せると信じる。

生の喜びについては、二つの文章を引用したい。

一つは、四〇年ほど前に知ったロシアの文豪・チェーホフの『三人姉妹』に出てくる、生の喜びの叫びだ。いまでも、ときに口ずさむことがある。

「I knew man must work by the sweat of his brow with the sun!(わかったの、私！ 日の出といっしょに起き出し、額に汗して働かなくちゃいけないのが、人間なのよ、ということが)」

もうひとつは、すでに私が書いたものである。

「ズボンまでベタベタになるほどの汗を流し切ると、五臓六腑ももだえるようなビールの味の魔力にのみこまれてしまう。(中略)まさに生を実感する瞬間だ」(二四〜二五ページ)

二つの文章の共通項は汗だ。私のひらめきには、二つの汗が底流していたにちがいない。前者は粛々《しゅくしゅく》と、後者は滔々《とうとう》と。

作業をする。労働をする。それによって汗をする。ここに生の実感と醍醐味があると、体験から、そして森林から教えられた。生の喜びの本質は、汗する肉体に秘められているのではないか。

スポーツでも、見る（観戦者）よりやる（実技者）ほうがおもしろいという。前者も楽しみを手にするが、後者は喜びを手にしたうえに、汗することによって、生の喜びをも我が物としよう。観戦者が現場主義者で、実技者が作業指向者と言ってもよい。

そして、作業指向者は汗とともに生の喜びを実感しながら、森林づくりとは何かということの本質に肉迫できる立場にいる。ここに、私に作業指向という発想をひらめかせたゆえんがある。この私の考えからすると、関氏は現場主義の人というよりは、作業指向の人に感じられる。「現場と一生つきあえ」という氏の言葉が、そう感じさせる。

こうした想いをめぐらせながら、一方で五年間持続できた最大の活力源は何であったのかもはっきりさせたかった。それは、パイオニア・ワーク（先駆者的仕事）をしたいという心のニーズだったと、いまになって想い知る。私はこのニーズの獲得を潜在下において渇望していたにちがいない。

「明治革命」における日本林業

伝統文化の否定としての明治革命

ある労作を読み進むうちに「おやおや」と思った。そして、「果たせるかな」と思いつつ、さらに読み進む。やはり、そうなのだ。ドイツ林業・林学に対する日本林業の反発があったのだ。

その労作とは、北村昌美《きたむらまさみ》氏の『森林と日本人』(小学館、一九九五年)である。その日本にあってドイツ林業へのもっとも厳しい批判的立場を示したのが、奈良県の吉野地域(吉野林業)だった。

吉野といえば、日本の先進林業地の代表格である。その最大の特徴は、植林本数だ。すでに述べたように、普通は一ヘクタールあたり三〇〇〇本だが、吉野では一万本なのである。このため間伐を頻繁に行い、一本一本の木の生長を低下させない作業法を成立させたことに、その先進性があるといわれている。そこの斜面の中腹以下は、よく管理されたスギの人工林で覆われている。そのスギは吉野杉とよばれる。

私が「おやおや」と思ったのには、二つの背景がある。一つは幕末から明治維新前後の知見、もう一つはすでに紹介した私の論文「適正技術による技術移植」だ。それらの予備知識からすると、明治時代にドイツ林業(学)がなんらの抵抗なしに日本林業に受け入れられるはずがないと思ったのである。

とくに吉野林業の反発は、当時の脱亜入欧という世相を顧みるとき、私にとっては大事件である。その重みは、明治維新を「明治革命」としてとらえることによって、より明確化するであろう。私が明治革命という表現に接したのは、フランス文学者・評論家の故・桑原武夫《くわばらたけお》氏の「明治革命と日本の近代」(『ヨーロッパ文明と日本』朝日新聞社、一九七四年、に所収)においてである。私がここで明治革命としたのは、氏の卓見に与《くみ》したからである。そこで、氏が明治革命とした根拠をかいつまんで記しておこう。

桑原氏はまず、変容という言葉を取り上げる。変容(Acculturation)とは文化の全体的変化を指す。そして、明治維新を外国語に訳す場合、「Meiji Restoration(維新)」ではなく「Meiji Revolution(革命)」が妥当であると説く。さらに、明治革命を後進国型のブルジョア革命とし、その価値を文化革命としての徹底性にあるとする。すなわち、伝統文化をかなぐり捨てて、徹底的に西洋文明に同化しようとした革命であると断じるのだ。

この文化革命は、それまでの自然と一体的であった自然観を、自然を客体化した自然観に一新させた。つまり、「自然《じねん》」から「自然《しぜん》」への転換である。吉野林業の技術のような人と森林との間にまるで息が通い合う形で継承されてきた技術から、近代科学文明の素地を養う自然観への転換である。換言すれば、脱亜入欧ならぬ「脱心入物」と言えるだろう。この場合の「心」は自然《じねん》を指し、「物」は西洋文明すなわち自然《しぜん》を指す。

このように、明治革命を境にして、一体（親性自然観）が非一体（敵性自然観）へと一変した。これほどまでに伝統を捨て去った民族は稀有とも指摘されている。それを指して、作家の故・大仏《おさらぎ》次郎氏は「無節操な国民性」と評したのであろう。ただし、明治革命の成功のカギは、伝統文化の全否定と西洋文明の全肯定にあったと言えよう。

しかしながら、ここまで徹底しなければ明治革命は成就しなかったのだろうか。成功への下地は、すでに江戸期に胚胎《はいたい》していたのでないか。明治革命をこなせる国力と民度が江戸期に備わっていたと、私は考える。たとえば、九八年にアジア人としてはじめてノーベル経済学賞を受賞したインドの厚生経済学者アマルティア・セン氏も、当時の日本人の識字率はヨーロッパを凌駕していたと述べている（大石りら訳『貧困の克服』集英社、二〇〇二年）。

私の考えでは、思考力と同様に、国力にも理解力・吟味力・批判力の三段階がある（五一ページ参照)。当時の日本は批判力をもちながら、理解力(理解するのが精一杯という力)しかないと考えて西洋文明に接したのではないか。そのために、脱亜入欧策でいくことになったのではないか。それに、福沢諭吉の真意は「蔑亜拝欧」だったと述べる研究者もいる(安川寿之輔『福沢諭吉のアジア認識』高文研、二〇〇〇年)。仮にそうであれば、和魂洋才どころか、洋魂洋才だ。

ここに、日本人の革新性の徹底ぶりを垣間見ることもできよう。だが、私はアジアに軸足を置きながら西洋を手本にする「在亜学欧」で明治「維新」は成就したにちがいない、と推測する。

▲土地柄を無視して導入されたドイツ林業

つぎに、「おやおや」と思ったもう一つの背景について記したい。

途上国に技術を導入する場合、その技術は導入先の土地柄と土着文化にあてはまる技術でなければならない。それが適正技術であり、身土不二や適地適木に通じる考え方である。そして、ある技術がある地にとって真に適正技術ならば、その地の人たちの真のニーズに的中しているはずだから、その技術は移植される。

ところが、ドイツ林業はこうしたことを無視して日本に導入された。すなわち、ドイツの風土を背景にして生み出された思想の一部としての林業技術であるにもかかわらず、その思想を無視して、皮相部分としての技術のみが、とくに国有林において移転されたのだ。ここに、日本林業の悲劇がある。

ドイツ林業・林学は世界に先がけて発展した。その特徴は整然とした体系にあり、自然の客観視によって系統づけられた学問体系と言えよう。日本人はその体系の整然さに魅了され、媚酒に酔わされたようだ。それゆえ、ドイツではやりはじめたこの体系を、あたかも流行を追うかのように導入したのである。その背景には、ヨーロッパ化を急務とする考え方があり、その具体的行動としてドイツ林業を直輸入する技術移転となってしまったのだろう。しかも、それは林業だけでなく、すでに述べた治水三法のようにほとんど全分野に及んでいる。ここに、桑原氏が革命と断じた卓見をあらためて思う。

ドイツ林業の導入以前に、日本にもすぐれた林業技術があったが、残念ながら林業・林学として体系化されていなかった。吉野林業のような私有林における伝統的林業技術が、ドイツ林業に対してとくに反発したのは、その観念的性格と画一性にあったと指摘されている。反発の背景には、ヨーロッパの単一的自然と異なり、多様性に満ちた日本の自然から生み出された伝統的林業技術に対する、ゆるぎない自信と見識が底流にあったのにちがいない。

現在でも、吉野地域で行われている国有林の画一施業に対して、「あれは本来の吉野林業ではない」という人たちがいる。その違いを端的に言えば、国有林の粗木指向と吉野林業の良木指向の差である。土地柄を無視した全国画一主義と、土地柄に目を向ける適地適木主義の差である。技術は、その土地と文化にとってまさに生き物だ。多様な自然の顔をもつ日本には、画一的な技術は適さない。生き物である技術は、土地柄を無視された「死せる地」には根づきようがない。

◆伝統技術の無視が生み出した森林破壊

ところで、やや専門的になるが、技術移植と技術移転には違いがある。技術移植とは、生ける技術が生ける土地に適応しようとする働きかけである。一方、技術移転は、生ける土地がなかば死せる技術、すなわち適正ではない技術に適応できるのではないか、あるいは技術は普遍であると錯覚して、単にAという土地(国)からBという土地(国)へ移転できるのではないかという考え方である。ドイツ林業の盲目的ともいえる導入は、この愚を犯したのだ。

私がここであらためて両者の違いを説明したのは、著書『途上国のグローバリゼーション』(東洋経済新報社、二〇〇〇年)によって第一回大仏次郎論壇賞(二〇〇一年)を受賞された開発経済学者・大野健一氏に対する「どの国にも一般論の単一政策を押しつけてイエス・ノーを迫る国際機関のエコノミストとは議論を辞さない」(『朝日新聞』二〇〇一年一二月四日)という言葉に触発されてである。この場合の国際機関は、西洋文明を押し付ける欧米諸国と解釈できよう。これはもう技術移転そのものである。

私を驚かせた直輸入の言葉の典型例に「法正林《ほうせいりん》」がある。それは、毎年等しい量の木材を将来にわたって永続的に収穫できる「理想の森林」を意味する。この語の解釈について長い間、林学界では論争が続いたようだ。それにしても、非現実的で、わけのわからない言葉である。現場からすると、「法面《のりめん》(林道の斜面)を適正に工事する林道づくり」と誤解されるために生まれた言葉にしか映らない。

法正林に類する言葉は、すでに江戸時代にあった。それは「番繰山《ばんぐりやま》」である。たとえば五〇年で育った木を伐る場合なら五〇区画に分け、順番に毎年一カ所ずつ伐っていく。そうすれば、最初に伐木したところに戻るのに五〇年かかる。五〇年たてば、その区画には再び元のような木が育っていよう。こうすれば森林の持続的経営ができる。法正林という言葉は、日本の伝統的林業技術の無視としか言いようがない。

この番繰山と法正林を凝視するとき、六三～六六ページで述べた水持林と水源涵養林を想起せざるを得ない。番繰山と水持林のわかりやすさに対して、法正林と水源涵養林がどれほどわかりにくいことか。

推測するに、ドイツ林業を導入した明治革命が、その後の自然破壊と森林破壊の端緒になったのではないか。そして、そのとどめが第二次世界大戦後の拡大造林である。この人工林化による単一林化は、ヨーロッパの単一的な自然と同列とみなされる。明治革命前の自然・森林との一体性が、明治革命後は非一体化(客体化)し、自然の民・日本人と決別してしまったのである。

そうでなければ、世界に類を見ない徹底した人工林化はなし得なかったであろう。この人工林化の徹底性は、桑原氏が指摘した明治革命の徹底性に通じよう。私たち日本人にはこうした民族的性癖があると、固く心に刻印しておかねばならない。

徹底した人工林化によって、木の文化は生きのびていようとも、森の文化は死に体となったと言っては言いすぎだろうか。とはいえ、森の文化は、自然から与えられた、自然と人間との循環作用から産み落とされた文化である。

最近ようやく、拡大造林の教訓のもとに、針広混交林への取組みが活発化してきている。それこそ森林そのものといえる。しかも、この森林は所与のものではない。自然と人間が求め合う調和をめざすところに産み落とされようとする、森林《もり》の文明である。これは、後に詳しく述べる森林《しんりん》業のバックボーンでもある。

結章　森林業というフロンティア

時代が要請する針広混交林づくり

話は前後するが、私が働き出して二年ほど経ったある日、森林組合の事務所で組合長から、こんな指示が出る。

「これからは意識を変えてもらわないと困る。場合によっては、ヒノキ以上に広葉樹を大切にしてもらいたい」

私は、ついに出るべきものが出たという感想を抱いた。同時に、林野庁や県庁の林務課という上層部の議論としてだけではなく、私たち末端の作業段階にまでこのような指示が下ろされたことに、鋭い驚きをもった。

長年ヒノキ以外は木ではないと言われ、障害物でしかなかった広葉樹にも配慮せよとの指示は、針広混交林に向けた森林づくりへの第一歩が踏み出されたことを意味する。それは、従自然的施業につながる。自然に従うとは天然林の重視であり、林業を森林すなわち環境の一部と位置づけようとすることである。ここに、時代の流れを痛感する。たとえば除伐の場合、これまではすべての広葉樹を伐っていたが、今後は高く伸びて、ある程度の太さになるヤマザクラ（山桜）やミズナラ（水楢）は残すように指示された。ヤマザクラは版《はん》木《ぎ》や和菓子の木型などの彫刻材や装飾材に、ミズナラは椅子やテーブルなどの家具材や建築材に使われる。

人工林内を実際に歩くとよく体感できるが、林内は暗く、ひんやりとしている。スギやヒノキをはじめとする針葉樹がひざしを吸収してしまうからだ。だから、下生えが育たず、土壌は侵食される。人工林をやや強度に間伐して混交林にすることによって、この弊害は除去される。混交林では多くの植物や昆虫が共存し、林内の生き物の多様性も高まり、森林らしくなる。これが環境指向の森林づくりである。

私は、森林の仕組みを「人」という字にたとえて理解することにしている。仮に、人という字の一画目を男、二画目を女とすると、一画目の男は二画目の女に支えられていることがわかる。すなわち、男性が外の仕事に出かけられるのは、生活基盤を支える女性あってのことだ。同じように針葉樹が生長できるのは、広葉樹の支えによると解釈できる。

森林には、自らの生長の糧を自らでまかなう作用（自己施肥機能）がある。森林には毎年、落ち葉や枯れ枝などの有機物が供給される。それらは、土壌動物（モグラ、ミミズ、ワラジムシなど）や土壌微生物（カビ、バクテリア、キノコなど）によって分解される。この分解が、すなわち養分（生長の糧）の供給だ。こうした一連の流れを森林自身が行っている。その能力は広葉樹のほうが高いため、落ち葉などが速く分解される。だから、広葉樹あっての針葉樹というわけだ。

ここに私は、針広混交林の大切さと妙味をみる。そして、これは先にみたように男女間にもあてはまる。この男女関係は、「人間は一人では生きていけない」という以上の相互依存関係を内在しているのではないだろうか。言い換えれば、どちらも一体という概念につながるだろう。また、身土不二が示すように、身体＝人間と土地＝自然も同様の関係にある。

林野庁は、二〇〇〇年一二月に閣議決定された森林・林業基本計画に、このような原則を部分的に取り入れた。国有林を「公益林」(八二%)と木材を生産する「資源の循環利用林」(一八%)とに二分割したのである。「営林署(林業を営む署)」の名が表すとおり、長年ほぼ一〇〇%が木材生産林だったのだから、一八%への大転換は隔世の感を思わせる。

公益林には、「水土保全林」(五五%)と、「森林と人との共生林」(二七%)がある。前者は国土の保全や水資源の確保を担う森林だ。保水力と保土力の向上のために、広葉樹の皆伐をやめ、針広混交林と伐採樹齢の長期化をめざすという。後者は、国民に憩いと学びの場を与える森林と位置づけている。そこでは、動植物を守り育て、人びとにうるおいを与え、森林とのふれあいを重視する。そして、生物多様性をはかるため、人手を加えずに自然の推移にゆだね、里山での針広混交林化をめざすという。

私はこの公益林にも先の身土不二の原則を見出す。水土保全林、森林と人との共生林という言葉には、自然と人間の一体性を追求しようとの姿勢がうかがえるからである。

なかには、この転換を林野庁の大赤字（約四兆円）に対する隠れ蓑と批判する人びともいる。私もその見方がなるほどと思う部分もあるが、公益林といういわば「仏」を公表したことを、とりあえず評価したい。問題は「魂」をどうするかであろう。これは、なかなかにむずかしい。それに、国家がやる以上、結局は費用対効果の計算がずさんになり、「親方日の丸」になるのが関の山だという悲観論も、うなずける。

とはいえ、私は国家百年の大計である森林問題を長い眼で見ていこうと思う。拙速策は、賢明ではない。心あるさまざまな分野の人が、さまざまな地域で、あるべき森林づくりのモデルとして、いま針広混交林づくりに取り組んでいる。それは、環境の時代が要請する当然の風と言えよう。この環境への追い風を、どこまで強風にし得るかに、工夫をこらしたい。

女性《おんな》の感性を活かす秋《とき》

このやすらぎと安心感は、どこからくるのだろうか。五〇を過ぎてはじめて、このような心もちになった。それを与えてくれたのは、枝打ち作業だ。竿のような柄のついたノコギリで枝を打つ。長いから、バランスが保ちにくい。大地に足を踏ん張り、そこに全幅の信頼をよせて、作業を黙々と続ける。あたりは静の一字だ。ときに感じる微風。やすらぎの源を探り続ける私が、そこにいる。そして、ふっと想いがよぎる。

「そうだ、胎児だ。いま俺は、胎児の心もちになっているのだ」

胎児が母親の子宮にいるときは、全幅の信頼というだけでなく、任せ切った安心の極みではないだろうか。私が森林で体感したのは、これに近かった。

一方、「母なる大地」という言葉がある。それは土のことだ。それでは「大地の母」とは何か。まさしく森林と言えよう。土も森林も、生き物が生命《いのち》を発し、宿し、育むところだ。そして、安んじるところでもある。事実、「休」という字は、「人」と「木」から成り立つ。

私がやすらぎと、それに続く胎児への心もちを感じ得たのは、生命を育む森林という子宮での作業だったからにちがいない。それに、日本の森の神《やま》は多くの場合、女神である。私はここに「森林子宮論」なる考えを見出した。実際、かけがえのない森林すなわち環境が危機に瀕しているいま、地球環境問題において女性の活躍がめざましい。国際的にみて、環境NGOには女性が多いといわれる。あの環境警告書ともいうべき『沈黙の春』『複合汚染』『奪われし未来』の著者は、いずれも女性だ(ただし、『奪われし未来』には共同執筆者として男性が含まれている)。

では、林業について、女性に何をどう期待するのか。私は、環境を重視する針広混交林づくりにこそ女性の出番があると考える。これまでの木材を生産する林業は、効率優先だった。しかし、水土保全林、森林と人との共生林とは、環境性と森林性を高めることにほかならない。すなわち、環境を生産する森林づくりが求められる。そこで優先されるのは、効率ではなく配慮である。私は自らの体験から、細やかな心配りができなければ環境力と森林力は高められないと思う。

配慮ということになれば、育児と家事をこれまでおもに担ってきている女性のほうが長《た》けていよう。女性林業家の山縣睦子《やまがたむつこ》氏によれば、育林は育児に通じるものがあるそうだ。私の経験からしても、間伐は無理でも、地ごしらえ、植林、下刈り、枝打ち、除伐などの育林と関係する部分は女性でも十分できる。

何よりも私が女性に期待するのは、脆い自然への心配りだ。それは、初期の植林や木をいつくしんで育てる撫育《ぶいく》に通じよう。撫育には、育児や老人の介護などによって身体に刻みこまれてきている技能と知恵が活かされるにちがいない。撫育という作業は、自然や森林への福祉産業とも言い得る。ここに、男性が真似のできない女性特有の感性にそれをゆだねる、大いなる根拠がある。

脆い自然の典型は、すでにふれたように沢筋だ。スギとヒノキの不健全な人工林になっている沢筋を適正間伐して、健全な針広混交林に変えていくことで、温暖化や災害の防止に貢献する。その際、間伐を行いやすくするための足場づくりなど、女性がこなせる仕事はけっこう多い。こうした仕事をとおして森林づくりの基礎が体得されていく。また、沢筋の健全化にあたってはハンノキ（榛の木）やヒメヤシャブシ（姫夜叉五倍子）などの水を好む非豆科植物に注目したい。窒素固定するために、沢筋の森林全体の肥料木として役立つからだ（非豆科植物は放線菌の働きで窒素固定を行う）。

私が日々の林業作業をとおして自然から学んだことのひとつに、広葉樹の女性的性質の発見がある。針葉樹に比べて広葉樹には、しなやかさがあり、粘り強く、根は広く深く張る。萌芽更新もする。こうした性質は、そのまま女性にあてはまるといえよう。

そして、いま森林に求められているのはまさにこのような持ち味だと、私は考える。この持ち味を活かすには、現場技能に加えて、森林と木の仕組みへの知識が要求される。いわば、作業現場から知的作業現場への転換である。

温暖化にしても災害にしても、環境の劣化が原因である。その危機に対して、食をはじめ日常生活の基盤をおもに担う女性から警告が発せられるのは自然と言えよう。また、環境の劣化によって被害を受ける程度には性差がある。それに配慮した環境政策をたて、女性の役割や経験を尊重しながら、男女が対等な立場で実行していくというジェンダー（Gender）の考えのもとにODA（政府開発援助）のプロジェクトが、ネパールで国際協力機構（JICA）によって行われている。とかく批判が多いODAでこうしたプロジェクトが行われていることは、大いに多としたい。

後述するクマゲラ（一七八ページ）のように、自然もまた人間とのかかわりを求めている。森林と木の知的背景に包まれた知性と感性ある女性ならば、自然と森林はより歓待してくれるにちがいない。

私は環境という広い分野のひとつである森林での学びから、女性に潜む森林への感性に期待したい。そして、これまで述べてきた広葉樹の女性性と女性の森林への持ち味を活かすべき時節の到来を、「森林《もり》と女性《おんな》の秋《とき》」とよびたい。

間伐材による途上国への協力

まず、間伐現場の実状を報告しよう。私が所属する造林班は、大木の伐木以外は何でもやる。その一つが間伐だ。私の班が六年間に伐った木は何千本となる。そこには、柱になるような木も含まれる。だが、もよりの林道まで搬出するために多大な費用がかかるために、伐ったまま林内への放置を余儀なくされている。すなわち一〇〇%切り捨て間伐となっているのだ。材価が低迷しているがゆえに、割に合わないことをわかってはいても、それは天にツバする所業だ。そこで、現場で常々、間伐材を活用する手段はないかと考えてきた。

もちろん、関係者によって、さまざまな利用方法が試されている。人工漁礁に活用する試みもある。しかし、林野庁によれば、全国の二〇〇〇年の民有林の間伐は必要面積の約七〇%で三〇万ヘクタール、利用された間伐材積は六〇%弱の二七四万立方メートルで、残りのほとんどは林内放置されているという。

一方、私がかつて滞在していたネパールのヒマラヤ地域では未曾有の人口爆発のため、調理や暖房の燃料や家畜の飼料用に、森林が乱伐されていた。これまた余儀ないこととはいえ、結果として森林の乱伐により慢性的な水不足が起こり、水源地が年々、標高の低い場所に移動していく。もともと山村はマラリアを避けるため山の中腹にあるから、水の運搬はより厄介になる。その問題を解消しようと、七八年から七九年にかけてヒマラヤ技術協力会（現在はヒマラヤ保全協会）が自然力ポンプの導入を目的とする技術協力を行ったのである。

自然力ポンプは、水車と同じく水が落下するときに生じる衝撃力と、空気が上昇する力を合成したものだ。ガソリンなどの動力源を利用していないので当初は無動力ポンプとよばれていたが、自然界の二つの力を活かしていることに着目して、自然力ポンプと私が命名したのである。このポンプの導入によって、一分間に九リットル、一日に一四・五トンの揚水が実現された。

このように、この技術協力の底流には森林破壊がある。そうした状況は、現在もあまり変わっていない。ＦＡＯ（国連食糧農業機関）によると、二〇〇〇年における途上国の木材生産のうち八〇％は薪炭用材だ。しかも、これはあくまで統計上の数字であって、実質はもっと高いだろう。私がかつて「ネパール家内工業振興プロジェクト」の事前調査を行ったときの経験では、統計資料の不備が著しかったからである。したがって、ネパールの場合、薪炭用材の利用が一〇〇%近くになるかもしれない。

この二つの事例からわかるように、間伐されないことによる森林の劣化下にある森林富国・日本では「一本でも伐る」ことが、乱伐による森林破壊下にある森林貧国・ネパールでは「一本でも伐らない」ことが、それぞれ要請されている。現象的にはまったく反対だが、温暖化の抑制と災害の防止という点では、めざすところはまったく同じである。すなわち、日本は伐ることで森林を健全化し、ネパールは伐らないことで森林の健全性を高める。そして、ともに温暖化の元凶である炭酸ガスの吸収・固定能力を高め、災害を防止するのだ。

日本では利用される間伐材積は増えているものの、放置されている材もまだまだ多い。そこで間伐材による国際協力が浮上してくる。たとえばネパールに間伐材を提供して、現地で伐採されている燃料材の代替エネルギーにするのである。だから、この提案は間伐材協力のみならず環境保全協力にもなる。

森林整備による間伐材の量は、半端ではない。そこで注目すべきは、日本が削減を定められている温室効果ガス排出量六%のうち一・六%が想定されている、「京都メカニズム」の一つである「クリーン開発メカニズム」だ。これは、先進国が温室効果ガス削減につながる事業を途上国で実施すれば、実現した削減分の一部を自国の削減に組み入れることができるというものである。このメカニズムは途上国の持続可能な開発に資することを目的としており、南北対立を緩和するカギになるのではないか、ともいわれている。

途上国における植林は当然、クリーン開発メカニズムにあてはまる。一方、日本には世界に例を見ないほどの人工林がある。その間伐材の提供を削減分に加えられるような道が、外交努力によって開かれないものか。というのは、植林は時間がかかるという難点をもつからだ。間伐材ならば、すぐに燃料として使える。このメリットは大きい。医療にたとえれば、間伐材協力は応急手当、植林協力は治療と言えよう。

〇二年八〜九月に、南アフリカ共和国のヨハネスブルクで、国連環境開発会議が開催された。そこで、途上国の森林破壊を招いている要因である薪や木炭の燃料効率の改善（コンロの普及）が議論されたそうだ。このことを考慮すると、途上国の要望によっては木炭協力も考えられる。また、燃料効率の改善という面では、煮炊きに使う七輪《しちりん》や消壺《けしつぼ》もセットにすると、かなり有効だろう。

七輪はコンロの一種で、土でできており、持ち運びもできる。熱が集積されるから、調理時間が短くてすむ。ところが、多くの途上国では、七輪がないために熱（火力）が分散されてしまい、調理時間が長くなり、燃料も多く必要となっている。また、消壺は、赤く火がついた炭や燃えて炭のようになった薪の燃えカスを入れ、ふたをすることによって空気を断ち、火を消す器具である。消壷で火を消された消炭《けしずみ》は軟らかいから火がおきやすく、つぎの調理のときに重宝できる。だから、途上国では貴重な燃料になるのだ。

自然力ポンプ協力の折、私はポンプを据え付けた村で三カ月ほど寝食をともにした。まさに住み込み協力である。そのとき、調理法を目のあたりにした。燃料は薪、トウモロコシのくず、水牛の糞などだ。しかし、七輪や消壷がないために、どれほど歯がゆく思ったことか。それゆえ、こうした身近な国際協力は実に貴重である。

間伐材協力は、一回や一年では終わらない。数年間にわたるにちがいない。したがって、森林づくりに関する協力も平行して進められれば相乗効果が期待される。その際、住民が自ら消費したり販売収入を得るために行う「社会林業」方式が望ましい。その特質は、①地域住民の林業活動への参画、②住民による決定と責任、③便益の住民への帰属の三点にある(太田猛彦・北村昌美他編『森林の百科事典』丸善、一九九六年)。

この協力の実施にあたっては、JICAとNGOの協力が効果的だろう。JICAは資金面と側面的協力に重点をおき、現地での主体はNGOが担うのだ。私の体験でも、とくに初期活動における拠点づくりはNGOが重視されなければならない。そして、ある程度まで軌道に乗った段階でJICAも前面に出て、面としての普及に力を注ぐ。これで官民一体すなわち点と面との相乗効果が期待できる途上国協力になり、活きたODAの実現となろう。

こうした新しいパイロット的プロジェクトは、小規模に行うことが成功の重要なポイントと考えられる。まとめやすさ、まとまりのよさ、機動性という長所が発揮できるからだ。実際、川上村に住んでみて、それを実感する。ある意味では、私にとって村の生活は、技術協力のための定住調査に似ていたともいえる。まさに、「Small is Possible（小にこそ可あり）」だ。

戦国時代の武将・毛利元就《もうりもとなり》に、「一万人にできぬことでも、一〇〇〇人にはできることがある」という言葉がある。この言葉の含意するところを深くかみしめたい。

この意味でも、ネパールに限らず小さな途上国の多くにとって、間伐材協力は有効だろう。日本側においても、小さな町村が窓口になるのが的を射ている。まず小規模で試行し、手法を確立していくことに力点をおくべきである。

虎穴が生んだ森林業

「格子なき牢屋」という言葉を何回も聞かされた私は、いつしか林業という激務の虎穴《こけつ》に入ってしまったのかと思うようになる。同時に、いつかその虎穴にいる虎子《こし》を必ずや手にしよう、という気持ちにかられていく。

虎子のイメージは、だんだん明確になっていった。単眼ではなく複眼あるものに、重厚さと大衆性を備えたものに、骨太にして哲学あるものに、といった要素を含む概念を求め続けていく。その過程で「大きな飛躍がありそうだ」と直感し、「森林業」という概念がひらめいた。私は林業という虎穴に入って、森林業という虎子を手にしたわけだ。

それは満四年を迎える直前の〇一年三月一二日である。初めは暗中模索だったが、虎子とは森林業だったのかという感慨ある至福の日だった。その夜は、滋味あふれる酒を相手に祝す。

激務と罵声のなかで何かをつかまえたい、タダでは起きないという心の芽生えは、着実に膨らんでいった。身を賭して森林のあるべき姿を探りたいという心からの欲求の背景にあったのは、「森林を現場から哲学する」姿勢だろう。そして、森林の自然児でありたい、あるいはいつしか森林の哲人になりたいと夢見ていたのであろうか。

森林は私の知的関心を魅き続けてやまなかった。活きた森林を学ぶために、森林を師とし、自然を見すえたい。体力と知力を求められる作業指向にこそ、独創の源が宿っているのではないか。それは一見、効率が悪そうだが、なによりも実証的だ。自然の実態を直視し、実証する姿勢だからである。

こうしたなかで、森林そして林業をとおして、何を思考し、指向するかを探り求めるように、自然から問われている気さえした。そして、こう信じていく。自然の実態に沿ってその本質に迫る手法が自然の実像を照らし、正しくて着実な自然の理解を導く、と。

ところで、森林業とは「森林」と「林業」の合成語である。私は、これからのあるべき「森林《もり》づくり」には新しい概念が必要であると痛感していた。その概念を示す言葉は、やさしくてわかりやすいものでありたい。とはいえ、単に「森」ではなく「森林」としたのは、森では森林の重厚さを表せないと考えたからだ。一方、森林を「しんりん」と読むのでは固すぎるので、「もり」と表現したい。ただし、森林業の場合は「しんりんぎょう」と読みたい。「もりぎょう」では語感がよくないからである。

森林は環境の一部だ。そして、いま森林が注目されるのは、温暖化の元凶である炭酸ガスを吸収・固定する量が膨大だからであり、自然と親しむ場を人びとに与えるからである。一方、林業は木材の生産によって炭酸ガスを固定しているから環境産業と言い得る。したがって、森林業とは、森林すなわち環境に主眼をおきながら林業をも取り込んだ概念だ。

私は林業の体験と森林の知識の双方から迫ることによって、めざすべき概念を掌中にしたかったのかもしれない。森林業とは、環境問題に想いをはせながら、林業の現場に身をおいた者だけが見出し得る概念だろう。それはまた、日本林業がこれまで産み出してきたさまざまな技能と知恵によって環境問題を解決できないか、という想いのなせる技でもある。

「木を見て森を見ない」木材生産業としての林業から、「まず森林という面を見てから、木という点を見る」環境生産業としての森林業への転換に主眼をおくことで、もう一つの道を見出せるにちがいない。

森林業では、森林の仕組みの実相を観察するだけでなく、作業しながらそれを身体に刻印し、学ばせることが肝要となる。すなわち、汗でズボンまでもが濡れるほどの炎天下での暑くてキツい下刈りをとおして、森林づくりに必須な技能とともに、その仕組みの実相を身体に刻み込むのである。

森林業との出会いは、森林の知識もさることながら、このような現場作業に負うところ大である。そもそも森林業の「業」には、一作業員として林業に携わってきたという密かにして真摯な想いがこめられている。そして、その作業体験は森林業への登竜門のような気がする。したがって、森林業による森林づくりの職人には、チェーンソーなどの道具を駆使できることも条件となる。

パイオニア・ワークとしての森林業へ

私のこれまでの人生の多くは、自然とともにあった。自然は実に多くのものを恵んでくださった。その深謝の念として、何に、あるいはどこにフロンティア(未開拓分野)を見出し、そこでどのような行動ができるかを模索してきていた。だから、私が林業に就いた原点は、パイオニア・ワーク(先駆者的仕事)をしたいということに尽きる。私は三五年ほど前、C・ダーウィンの『ビーグル号航海記』に触発されて初渡航を思いつく。そのときも実行するか否かの真摯な熟考を経たうえ、オーストラリアへ旅立った。今回も私にとってそのときと同様である。

体あたりで林業技能を学びながら、将来のパイオニア・ワークたる森林業への登竜門としての厳しさと醍醐味を噛みしめてきたと言えるだろう。そうしたなかで、あらためてパイオニア・ワークの再熟考を求められているような気がしてきた。

「安藤はいつまでもつか。一〇日もすれば音をあげるだろう」という予想をくつがえして今日あるのは、「森林と林業の融合」にパイオニア・ワークにたり得る曙光を見出し、そこにパイオニア精神を発揮し得る力強い前途が望めそうだ、と実感できたからにほかならない。その一つに複眼指向(思考)がある。この眼を欠いては、森林業とはなり得ない。

すでにふれたように、森林についての知的生産が点—線—面へと昇華したのに対して、森林を見る眼(問題意識)は面—線—点へと深化した。これは発想としては逆であるが、核心に迫るという点では共通している。すなわち、前者では面にたどりついたことによって森林界とはどういうものかが把握できた。後者では点が視野に入ったことによって森林の問題点が浮きぼりにされたのである。言い換えれば、面という大局に立ち得たことによって、いかに小局の環境をも見すえることが大切かが明確になったのである。崩壊地などの脆い自然への心配りは、その典型だ。

ところで、パイオニア・ワークと密接不可分なのが、フロンティアの存在である。文部省(現在は文部科学省)は七一年からほぼ五年ごとに「技術予測調査」を行っている。最新の第七回調査の結果は、〇一年七月に報告された。そこには、これから実現が期待される「重要度の高い上位一〇〇課題」があり、五九番目に森林が取り上げられている。

「森林およびその機能(生物多様性維持、環境浄化、景観や快適性の供与等)を保全しつつ、森林を適正に利用するための技術体系と制度が実用化される」

その重要度指数は八五・九で、実現予測時期は二〇一七年だ(ちなみに重要度のトップは地震予測である）。

こうした森林技術体系の樹立に大きく貢献するにちがいないと考えられる森林施業（作業）法が二つある。一つは故・高橋延清《のぶきよ》氏（通称、どろ亀さん）が提唱した「林分施業法」、もう一つは渡邊定元《さだもと》氏が提唱した「天然林施業」である。ともに徹底した現場主義により編み出され、木材の経済性をも追求した作業法として高く評価されている。

森林の機能は、公的機能（環境保全）と経済機能（林産物の提供）に大きく分けられる。その両立をはかる天然林を育てることに主眼をおくのが林分施業法だ。林分とは森林のさまざまな様相をいい、たとえば広葉樹のグループごとに適正な施業を行い、各林分が最大の能力を発揮できるように人間が手をさしのべるのである。一方、天然林施業は択伐（木を選んで伐採する）を基本とし、主眼を持続的な森林経営におく。その要件は、①高蓄積、②高生産量、③高収益、④林産物および公的機能の多目的利用、⑤生物多様性の維持、の五つである。

お二人が深く関与された北海道富良野《ふらの》市の東京大学演習林において、興味深い事実がある。ときに「人間は自然を必要とするが、自然は人間を必要としない」といわれる。ところが、この演習林では伐採が禁止されている保護林より、人手が入った天然林のほうが、天然記念物であるクマゲラ（熊啄木鳥）の数が多い。実際には、自然も人間とのかかわりを求めているのである。

したがって、森林という自然に林業という人間の手を加えたほうがよいことになる。ここから導かれるのは、ほどよい人手をかけて自然が活き活きする環境づくりがカギになるということだ。さらに、自然のありようにどこまで視座をすえられるか、すなわち自然の声を求め、それを耳にできる感性をどこまでみがけるかという作業指向の大切さをも示唆する。

お二人の作業法と同じように森林業も私が現場から学んだ概念ではあるが、その実践はまだ本格的にはなされていない。これから、あるべき森林づくりを試行することになる。すでに本書でも部分的にふれてきたが、いまイメージしている森林業の骨子を以下に記そう。なお、このうち⑤の三法については説明が必要だろう。

水木法は、沢筋を間伐した後にハンノキやヒメヤシャブシなどの水を好む木を増やす方法を指す（一六四ページ参照）。また、四一ページで述べたように、ササの海には種子から芽を出したヒノキやリョウブ（令法）などがある。こうした実生《みしょう》を活かす方法をさぐるのが実生法だ。広葉樹であるリョウブの若葉はカモシカが好んで食べるから、それはカモシカと共存する道を見つけ出すことにもつながる。そして、ここでいう坪刈法は、伐木した木の周囲のササなどを地際すれすれに坪のように刈り込んで、実生が発生し、育ちやすい環

図　森林業の骨子

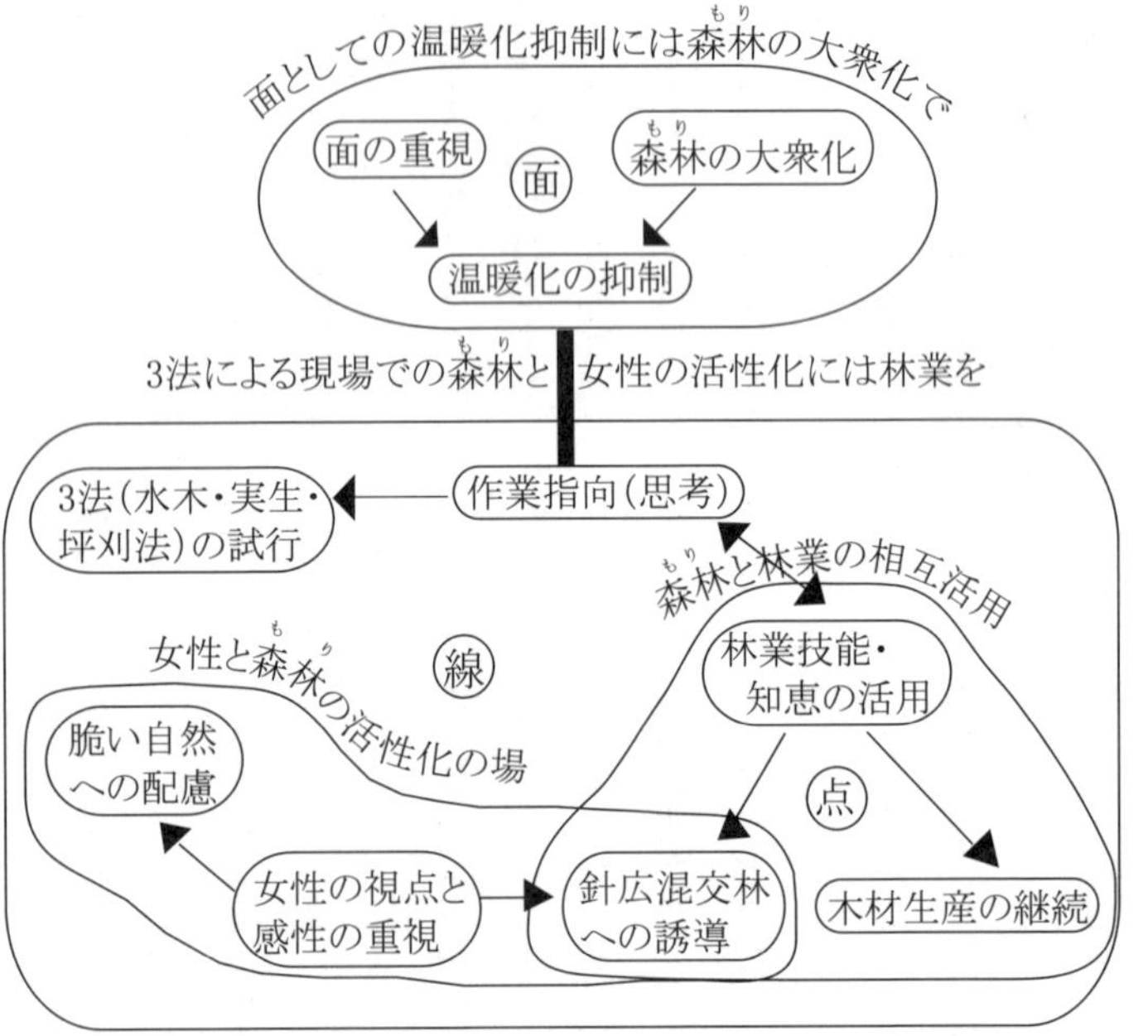

境をつくる方法である。王滝国有林（一一九ページ参照）で、その試みがすでに行われている。

①面の重視
②森林の大衆化
③温暖化の抑制
④作業指向（思考）
⑤三法（水木・実生《みしょう》・坪刈法）の試行
⑥女性の視点と感性の重視
⑦脆い自然への配慮
⑧林業技能・知恵の活用
⑨針広混交林への誘導
⑩木材生産の継続

また、これらの相互関係や関係の濃淡を図に示した。この図は文化人類学者の川喜田二郎《かわきたじろう》氏が創案された有名な「ＫＪ法」の簡易法ともいうべきものである。

森林業との出会いは、私にとって五年間の最大の実りである。とはいえ、それは単に出会いゆえ、今後これに磨きをかけていく行動がパイオニア・ワークとなる。かつてネパールにおける技術協力の体験をもとに技術移植という概念を発表したとき、その一大骨子を「技術は生き物である」とした。森林業もまさに「森林という生き物」をテーマとしている。ここに共通項が見出し得たことに、深い感慨を禁じ得ない。

環境と林業の融合による温暖化の抑制

〇二年四月一日に発表された世論調査（朝日新聞社が三月二四・二五日に実施、対象三〇〇〇名、有効回答率六九％）によると、環境問題でもっとも関心が高いのは「地球の温暖化」で五四％、次は「ゴミや廃棄物の増加」で三四％だった。また、「地球温暖化問題を身近に感じている」人は六九％である。

温暖化現象を一言で言えば、地球を温める作用をもつ気体（温室効果ガス）の増加である。京都議定書によれば、炭酸ガス（CO_2）、メタン、一酸化窒素などが該当する。温暖化の最大の原因は化石燃料の使用によることから、その使用抑制が解決の本命であるといわれている。また、温暖化を抑制するために風力発電や太陽光発電など自然エネルギーの技術開発が進行中である。この二つの流れをふまえつつ、林業現場に身をおきながら考えてきた温暖化問題を最後に述べておきたい。

「森林は炭酸ガスのかたまりである」「森林は炭酸ガスの缶詰である」と言われる。実際、林業現場にいると、いかに葉が光を求めているか、光合成を欲しているか、炭酸ガスを吸収し、固定したがっているか、を目のあたりにする。葉が光を受けやすいように、群れたような形になっているのを「クラスター（葉群）構造」とよぶ。その代表がヤツデ（八ツ手）だ。少しでも受光力を高めて、生長を促進しようとしているのである。

葉が多いか少ないかも、生長に関係する。スギは葉の量が多いから（一一三ページ参照）生長が早い。つまり、炭酸ガスの吸収・固定量が多いのである。そのため、スギが一部で見直されようとしている。ただし、スギは災害誘発性が高いから、この見直しは秋田、金山《かなやま》（山形県）、屋久島（鹿児島県）のような伝統的なスギの産地に限って行われるべきだろう。

葉の大きさも、受光力を左右する。葉が大きい木はキリ（桐）、トチ（栃）、ホオ（朴）などだ。このなかではキリがたんすや下駄などもっとも用途が広いし、生長も早い。「キリほどに目の粗《あら》い木」という表現さえあるほどだ。目すなわち年輪の幅が大きいということは、炭酸ガスの吸収・固定量が多いことの証だ。むかしは、「女児が産まれたら、嫁入り時のたんす用にキリを植えよ」と言われた。なにしろ年に三センチも太くなるから、嫁ぐころにはたんすができるほどに育っているというわけである。水源（水持）林としてもすぐれているようだ。

もっとも、木は土地に左右されるから、早く育つ木を植えたからといって、必ずしも長期的に炭酸ガスの吸収・固定量が多くなるわけではないとも指摘されている。実際、人工林より天然(自生)林のほうが吸収・固定力が高いといわれており、この点からも天然林の育成による森林づくりが大切と言えよう。

なお、日本の場合は人類史上に例を見ないほど植林され、現在では森林の年間生長量のうち人工林が約八五%も占めている(田島謙三『森林の復活』朝日新聞社、二〇〇〇年)。ところが、繰り返し述べてきたように手入れが十分されていない。したがって、植林よりも間伐に多くの予算が配分されなければならない。

その際、できるだけ強めの間伐を行って、広葉樹が多く占める天然林の生育環境をよくして、針広混合林に誘導する必要がある。それが森林の健全化であり、炭酸ガスの吸収・固定量の増加につながる(ただし、森林による炭酸ガスの吸収・固定力は科学的に不確実であるとする見解もある。森林・林業関係者は、それを謙虚に受けとめなければならない)。

「シンク・グローバリー、アクト・ローカリー(Think Globaly, Act Localy)」と言われて久しい。九二年にブラジルのリオデジャネイロで開催された通称「地球サミット」で採択されたリオ宣言にも含まれている。「地球に想いをいたし、地域でことをなす」、つまり地球思考と地域活動の一体化だ。温暖化は、地球と地域にとって共通の問題だからである。〇一年に行われた川上村森林組合の総会資料にも、はじめて温暖化という言葉が登場した。森林に着目した温暖化抑制の視点は、一体化の具現と言えよう。

いま林業界は、安い外材の輸入増加と木造建築の減少により青息吐息である。そこに、手入れ不足による森林の劣化と、国民病とまでいわれる花粉症の問題が加わっている。だが、それらを環境問題ととらえれば、環境保全に直結するとみなされるようになってきた林業にとって、この三面楚歌ともいえる状況は、むしろ危機の打開と森林の健全化への好機ではないだろうか。

私はここに、環境保全と林業が融合する可能性を見出したい。すでに行われている国土保全を目的とした森林整備により多くの予算が投入されれば、林業界は活性化すると考えるからである。

人工林は適正に管理されれば、伐採されるまでのあいだ環境林すなわち環境材(財)として、炭酸ガスの吸収・固定に貢献する。伐採された木材は、重さにしてほぼ半分の炭素を含む。日本の標準的な木造住宅一軒の炭素貯蔵量は、国民一人あたり年間炭酸ガス排出量の約二年分に相当するといわれている。

しかも、木材の製造時の消費エネルギーは他の資材と比べてケタ違いに少ない。鋼材の二〇〇分の一、アルミニウムの八〇〇分の一といわれている。したがって、製造時における炭酸ガス排出量もケタ違いに少ないことになる。さらに、木造住宅材は再利用できるし、薪として燃料にもなる。つまり、木材は燃やされるまで環境材(財)としての役割をになうのである。

このように木材の温暖化抑制に果たす役割は、死して何十年、何百年にもわたる。適正間伐による良材生産が大切なゆえんだ。

以上の点から林業の環境的側面に光をあて、森林そして木材の環境力を高めるように誘導する。それが環境性と経済性の二つを一つにする森林業の視点である。それは、自然とほどよい折り合いのつく環境生産業という、ほどほどの経済行為となるだろう。

そのとき森林は、「環境あっての経済」すなわち自然と人間のあるべき姿＝調和を映し出すのではないか。そして、この姿に、環境と林業の融合を求める森林業の潜在力が見出せる。ここにこそ、森林による温暖化抑制と環境浄化をめざす道があると信じる。この道は森林《もり》の文明につながる道であることをも予感させる。

おわりに

春秋時代（紀元前七七〇～四〇三）の戦乱の世にあって、天意の人であり仁の人とも言われた人物がいる。中国史上、至上の賢相との誉《ほま》れ高く、また「管鮑《かんぽう》の交わり」でも名をなす管仲である。本書執筆中、その管仲を描いた宮城谷昌光氏の『管仲』（角川書店、二〇〇三年）で、こんな言葉に出会う。

「耐えることは人を大きくし、やがてそのくやしさが人を飛躍させる」

本書にあるように、やむを得ないことだったとはいえ、私はさんざん叱られ、バカにされた。キツい仕事もたくさんあった。それに対して、「忍」の一字で通すしかなかった。そうした日々、ややもすれば心身ともども打ちひしがれそうになる。反面、そのような逆境に遭遇するたびに、記録を残そうとの意志は強固になっていく。それは一種の反発力と言えようか。

そのような状況のなかで著された本書は、私の情念と執念の書とも言える。そして、幸いなことに、この二つの念が、これからの森林《もり》づくりの要となる「森林業《しんりんぎょう》」という果実をもたらしてくれた。それに、先の逆境があったがゆえに、本書という果実も実った。この二つの果実を手にする境遇を与えてくださった二人の班長に深謝しなければならない。

二人は私のような「がしんたれ」(どうしようもないヤツ)を温かく見守ってくださった。まさに、私は人に恵まれたというべきだろう。武川新班長から「このキツい仕事をしながら、記録をまとめるのはご苦労なことや」と言われたこともあるが、だからこそまとめる意義があると私は信じた。

私は処女峰＝森林業とどこまでも仲よしでありたいと念じる。一五一ページでもふれた親性自然観の立場でありたい。また、それでこそ森林の実相に迫る大道だろう。ただ、心に抱いた森林業をどこまで描き得たか、またどこまで林業現場を活写し、ヒューマン・ドキュメンタリー(人間の実録)たり得たかは、さだかではない。それは読者の判断にゆだねたい。

いま私は本書の姉妹編を構想中である。その内容は環境、森林(業)、女性(森林《もり》の女神に通じる女性)の三本柱となろう。この柱を骨子にして、森林《もり》の文明——木そして森の文化・文明ではない——への旅立ちを画している。そして、この森林の文明こそ、まさに温暖化抑制の正道ではないか、との想いを深くしている。その旅立ちにあたり、明治革命をおさらいし、『古事記』を新しき友としよう。その心は、森林業のより確たる骨格づくりをめざしてである。私はまた楽しみをつくってしまったようだ。

本書には、川上村の田代鋭《たしろさとし》村長をはじめ、何人もの方々に点検の労をとっていただいた部分がある。ここに記して深謝したい。また、本書執筆の火付け役となっただけでなく、川上村の森林組合を紹介してくれた、学友にして岳友、そして『長良川雑記帳』（岐阜新聞社、一九九六年）の著者・吉村朝之《よしむらともゆき》君の、始終にわたった叱咤激励を忘れるわけにはいかない。

本書は私にとり処女作だ。その出版社の名称である「コモンズ」とは、私の考えでは、市民あるいは大衆という意味である。また、入会地《いりあいち》（共同地）という意味もあり、日本ではその大部分が里山で占められている。里山における森林の大衆化をめざす私にとって、それを体現するかのような社名をいただく出版社から出版できたことを多としたい。さらに、出版に際して多大なご高配をいただいた大江正章氏には、社名のこととあわせて二重の意味で、心から深甚の謝意を表さなければならない。

二〇〇三年一二月

岐阜県恵那郡川上村の源流地・海老之島にて

〈著者紹介〉
安藤勝彦（あんどう・かつひこ）
1944年　岐阜県生まれ。
1981年　慶應大学経済学部中退
ネパールにおいて地域開発や技術協力に携わった後、97年から岐阜県の川上村森林組合造林班に所属。
林業士、森林インストラクター（準）。
主論文　「適正技術による技術移植」『国際開発ジャーナル』1980年4月号。
連絡先　〒509-9201　岐阜県恵那郡川上村1014-1

森林業が環境を創る

二〇〇四年二月五日　初版発行

著　者　安藤勝彦

発行者　大江正章
発行所　コモンズ
東京都新宿区下落合一-五-一〇-一〇〇二
TEL〇三(五三八六)六九七二
FAX〇三(五三八六)六九四五
振替　〇〇一一〇-五-四〇〇一二〇
info@commonsonline.co.jp
http://www.commonsonline.co.jp/

印刷／東京創文社・製本／東京美術紙工
乱丁・落丁はお取り替えいたします。
ISBN 4-906640-72-9 C 0061